青少年励志小品丛书

# 为人与处世

ENCOURAGEMENT

本书编写组 ◎ 编

世界图书出版公司
广州·上海·西安·北京

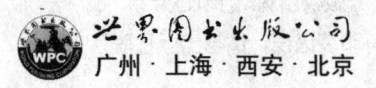

图书在版编目（CIP）数据

为人与处世 /《为人与处世》编写组编. —广州：
广东世界图书出版公司，2010.8（2021.11重印）
　ISBN 978-7-5100-2588-4

　Ⅰ. ①为… Ⅱ. ①为… Ⅲ. ①人生哲学-青少年读物
Ⅳ. ①B821-49

中国版本图书馆 CIP 数据核字（2010）第 160420 号

| 书　　名 | 为人与处世 |
| --- | --- |
|  | WEI REN YU CHU SHI |
| 编　　者 | 《为人与处世》编写组 |
| 责任编辑 | 张梦婕 |
| 装帧设计 | 三棵树设计工作组 |
| 责任技编 | 刘上锦　余坤泽 |
| 出版发行 | 世界图书出版有限公司　世界图书出版广东有限公司 |
| 地　　址 | 广州市海珠区新港西路大江冲 25 号 |
| 邮　　编 | 510300 |
| 电　　话 | 020-84451969　84453623 |
| 网　　址 | http://www.gdst.com.cn |
| 邮　　箱 | wpc_gdst@163.com |
| 经　　销 | 新华书店 |
| 印　　刷 | 三河市人民印务有限公司 |
| 开　　本 | 787mm×1092mm　1/16 |
| 印　　张 | 13 |
| 字　　数 | 160 千字 |
| 版　　次 | 2010 年 8 月第 1 版　2021 年 11 月第 8 次印刷 |
| 国际书号 | ISBN 978-7-5100-2588-4 |
| 定　　价 | 38.80 元 |

版权所有　翻印必究

（如有印装错误，请与出版社联系）

# 前 言

为人与处世是我们每个人一生的必修课。特别是在人际交往日益频繁的今天，如何为人与处世对个人品格的健全发展、人与人的和睦往来及整个社会的和谐构建都有重要影响。

就个人而言，首先做一个对的人，才能做出对的事。即先学会"为人"，才能善于"处世"。广大青少年正处于品格培养与塑造的关键时期，学习积极向上的为人与处世方式对他们的身心健康有重要意义。所以，本书选编了170多篇有关为人处世的励志小品，内容涉及诚信、谦虚、友爱和尊重等多方面，帮助青少年来认识自己、提高自己，并培养他们积极健康的思想，塑造他们高尚文明的品格。文章虽然短小，但其中却蕴含着隽永深刻的哲理智慧。同时，我们在每篇文章的后面附以精彩名言，帮助读者更深地领悟为人与处世的智慧。

我们真诚地希望本书能给读者带来生命的启迪与欢乐，能帮助读者领悟更多人生智慧。特别希望能帮助成长中的青少年建立和谐的人际关系，走向成熟人生，活出精彩人生。

编 者

# 目 录

## 第一辑　金钱与自信

幸运源于诚实 …………… 1
清白的良心 ……………… 3
学会信任 ………………… 4
给自己建的房子 ………… 5
帮忙买的彩票 …………… 6
埋藏了两千多年的
　真理 …………………… 7
诚实的回报 ……………… 8
诚实的鲁宗道 …………… 9
孩子们知道那是不
　同的 …………………… 10
一言既出 ………………… 10
逃票记录 ………………… 11
原　则 …………………… 12

樱桃树的故事 …………… 13
金斧头 …………………… 15
刻骨铭心的一课 ………… 17
卖布的尺 ………………… 18
许下诺言就要遵守 ……… 19
即使被赶走也要说
　真话 …………………… 20
诚信立足 ………………… 21
要冠军还是要诚实 ……… 22
两件最可怕的事情 ……… 23
诚实的空花盆 …………… 25
从不食言的莱古勒斯 …… 26
瑞士洗盘子的规矩 ……… 28
守时也是一种信用 ……… 29

## 第二辑　金钱与欲望

爱的回赠 ………………… 31
谁更真诚 ………………… 32
真诚地关心别人 ………… 33
收获比付出多 …………… 34
真诚的称赞 ……………… 36

每天多做一点 …………… 37
真正的施与 ……………… 38
那时候要记得我 ………… 40
他使我变成天使 ………… 42
最好的圣诞礼物 ………… 43

| | | | |
|---|---|---|---|
| 侍者的房间 | 45 | 播下爱的种子 | 59 |
| 教授的课 | 46 | 少年的鲜花 | 60 |
| 一句问候 | 47 | 感情投资 | 61 |
| 名贵之花衰落的秘密 | 48 | 朋友的情义 | 63 |
| 第六枚戒指 | 50 | 误　会 | 64 |
| 星期一早晨的奇迹 | 52 | 两个苹果 | 65 |
| 能给予就不贫穷 | 54 | 教授的赞美 | 65 |
| 盖达尔的偷技 | 56 | 爱心成就未来 | 66 |
| 大雨中的帮助 | 57 | 卖花的小男孩 | 67 |
| 生命的药方 | 58 | 闪光的礼物 | 68 |

## 第三辑　金钱与付出

| | | | |
|---|---|---|---|
| 尊重每一个人 | 71 | 人缘 | 83 |
| 不失尊严 | 73 | 别人的看法 | 84 |
| 一份尊重 | 74 | 传话的人 | 85 |
| 九头牛的价值 | 75 | 为了一杯酒 | 85 |
| 人生的第一课 | 76 | 学会做人 | 86 |
| 斯坦福大学的由来 | 77 | 挺起你的胸膛 | 87 |
| 乞丐的尊严 | 78 | 那个空缺 | 88 |
| 多谈对方关心的事 | 80 | 保持自己的本色 | 89 |
| 半盘牛排 | 81 | 不要做长舌之人 | 90 |
| 待　遇 | 82 | 勇敢的回答 | 91 |
| 罗斯福认错 | 83 | 要维护人格的尊严 | 92 |

## 第四辑　谦逊

| | | | |
|---|---|---|---|
| 大帝与上校 | 94 | 高阳盖房 | 99 |
| 不可恃才傲物 | 96 | 议员们的尴尬 | 100 |
| 飘落的羽毛 | 97 | 我会输给很多人 | 101 |
| 卖弄灵巧的猕猴 | 98 | 正视无知 | 102 |
| 跪射俑的低姿态 | 99 | 别太把自己当回事 | 104 |

骄傲是危险的代名词 … 105
成绩面前也要谦虚 … 106
活出真我 … 107

丞相与车夫 … 108
平息众怒 … 109
被认可的原因 … 110

### 第五辑　善良

善良的回报 … 112
救人的哈里森 … 113
关照别人就是关照
　自己 … 115
无可奉告 … 116
天使正在注视我 … 117
您也吻我一下 … 118
日行一善 … 119
送给母亲的礼物 … 120
林肯的为人 … 122

快乐的原因 … 123
给予实际的帮助 … 123
第一百个客人 … 124
爱心前行 … 125
帮助别人的回报 … 126
儿子的残疾朋友 … 127
每一步都是生命 … 128
嫉妒的结果 … 129
上帝送的袜子 … 130
阿里的老师 … 133

### 第六辑　宽容

第二次饶恕 … 135
高尚的人 … 136
爱是宽容 … 137
宽　恕 … 138
用智慧宽恕别人 … 140
从自身找原因 … 140

杂货店老板的忧愁 … 141
责备不如示范 … 142
好朋友 … 143
做人先要修心 … 144
宽容最有力量 … 145

### 第七辑　感恩

怀着一颗感恩的心 … 147
最好的报答 … 149
棉被下的泡面 … 151
感激之心 … 152
那只温暖的手 … 153

一封感谢函 … 154
老鹰救农夫 … 155
用心去感化他人 … 155
妈妈的恩情 … 156
知足感恩 … 157

## 第八辑　乐观

拥有快乐的心态 …… 159
快乐的人 …… 161
天天都有好心情 …… 162
苏格拉底的心境 …… 164
与大家分享快乐 …… 165
内心的风景 …… 166
水管工的"烦恼树" …… 167
走红的女歌唱家 …… 168
风暴中的祷告 …… 169
误诊 …… 170
老翁垂钓 …… 170
总统的幽默 …… 171
笑话与工作 …… 172

## 第九辑　其他

生命的石屑 …… 174
志同道合 …… 175
远与近 …… 176
欲望如水 …… 176
危险的乐羊 …… 177
一个人最重要的是
　内心，不是外表 …… 178
被淘汰出局之后 …… 180
蝎子过海 …… 181
顺势而行 …… 182
一件小事 …… 184
摩斯电码的声音 …… 184
不贪为宝 …… 185
公私分明 …… 186
有些事情并不像看上
去那样 …… 187
识人之能 …… 188
结　网 …… 189
低调的富豪 …… 190
哪一个风景更辽阔 …… 191
让自己忙碌起来 …… 192
活着的感觉 …… 193
心中的希望 …… 194
拍卖一美元的豪华
　轿车 …… 195
这并不属于我 …… 196
贵重的礼物 …… 197
承担生活的重担 …… 199
矿工的心愿 …… 200

## 第一辑 诚信

走正直诚实的生活道路，必定会有一个问心无愧的归宿。
——高尔基

## ❖ 幸运源于诚实

一位非常富有但脾气古怪的老绅士想要找一个男孩服侍他的饮食起居，帮他做些事情，唯一的要求就是这个年轻人必须是一个诚实正直的孩子。他经常说这样的话："向抽屉里偷看的孩子会试图从里面取出点东西，而在年轻时就偷过一分钱的人，长大后总有一天会偷一元钱。"

很快，老绅士就收到二十多封求职信。但是他要对这些孩子进行考核，只有符合要求的人才能得到这个工作。

四个精干的小伙子来参加最后的面试，他们来到了绅士那里。绅士提前准备了一间房子，他要求四个人逐一进入这个房子，只要在里面的椅子上安静地坐一会儿就行。

查尔斯·布朗第一个进入房间，刚开始的时候他非常安静。过了一会儿，他看见桌子上摆放着一个罩子，好奇心让他很想知道这个罩子下面到底是什么，于是他掀起了罩子。一堆非常轻的羽毛飞了起来，于是他又急忙把罩子放下，可是这下更乱了，其余的羽毛被气流吹得满房间都是。

老绅士在隔壁的房间看得很清楚，查尔斯无法抵制诱惑，结果可想而知，查尔斯落选了。

亨利·威尔金斯是第二个进入房间的孩子。他刚一走进去就被一盘诱人的、熟透的樱桃吸引了。"这么多樱桃，吃掉一个，别人是不会发现的。"亨利心想。于是他就拿起了一个最大的樱桃放进了嘴里，但是这个樱桃的滋味可不像他想象的那样，而是非常的辣，他忍不住喊了起来。其实这些樱桃都是假的，里面全是辣椒。亨利·威尔金斯也被打发走了。

接下来的是鲁弗斯·威尔森，他看到桌子上有个抽屉没有锁，其余的都锁着。于是他决定拉开那个抽屉看个究竟。但是他刚刚把手放在抽屉把手上，就响起了一阵铃声。老绅士气愤地把他赶出了房间。

最后一个进入房间的男孩名叫哈里。他在房间的椅子上静静地坐了三十分钟，什么也没有动。

半个小时后，老绅士非常满意地告诉他："诚实的孩子，你被录取了！"

"屋里那么多新奇的东西，难道你不想动一下吗？"老绅士问。

"不，先生。在没有得到允许之前我是不会动的。"哈里回答道。

后来，哈里一直服侍老绅士，当老人去世的时候，留给他很大一笔遗产。

从此以后，他过上了充实富裕的生活。

■ 至理箴言

诚实是人生的命脉，是一切价值的根基。　　——德莱

## ◆ 清白的良心

在奥普多湖的中心岛上,人们常看见一个十多岁的男孩坐在他家小屋前的码头旁静心于湖中垂钓。在开禁钓鲈鱼的头天晚上,他和父亲很早就来到了湖边,撒出蛆虫来诱钓鲈鱼和翻车鱼。孩子把银白色小饵穿在鱼钩上并掷往湖中。在落日的余晖里,鱼钩激起阵阵涟漪,水波随着月亮的照射,荡漾起圈圈银光。

当渔竿被有力地牵动着时,孩子明白水底下有个大东西上钩了,孩子敏捷纯熟地沿着码头慢慢收钩,父亲在一旁赞赏地看着。

孩子小心翼翼,终于把一条挣扎着的大鱼提出了水面。这是他见到过的最大的一条鱼!是条鲈鱼。

父子俩兴奋地瞧着这尾大鱼,月光下隐约可见鱼鳃还在翕动呢。父亲划根火柴看看手表,整十点,离开禁时间还差两小时。

父亲看看鲈鱼,又看看儿子,终于说:"孩子,你必须把鱼放回湖里去。"

"爸爸!"儿子不禁叫了起来。

"我们还能钓得到其他的鱼。"

"哪里能钓得到这么大的一条?"儿子大声嚷着。

与此同时,孩子举目环视,朗朗月光下见不着任何钓鱼人和捕鱼船,他又眼巴巴地盯住了父亲。尽管此时此刻没有任何人看见他们,也不会有谁知道他是什么时候钓到这条鱼的,但是从父亲坚定的语调里孩子明白:父亲的决定毫无通融的余地。他只好慢慢从大鲈鱼口中拔出鱼钩,将它放回到深深的湖里。鲈鱼扑腾扑腾摆动了几下,消失在水中了。儿子满腹惆怅,他想他再也不会钓到这么大的鱼了。

事情过去几十年了，当年那个小男孩已成为纽约一位功成名就的建筑师。他父亲的小屋仍然伫立在湖心小岛上，而今已为人父的他也常带着自己的儿女到当年的码头来领略钓鱼的情趣。他脑海中总是会一次又一次地浮现出那条难忘的大鲈鱼。正如他父亲所教诲他的：伦理道德其实是正确与错误的简单事情，难就难在真正做到有道德，尤其当人们独处尘世的时候，很难做到正派为人。

■至理箴言

人不能像走兽那样活着，应该追求知识和美德。——但丁

## 学会信任

从前，有个人在沙漠中行走，不幸迷失了方向，粮食和水都没有了，已经接近于死亡，但他仍然拖着沉重的脚步，一步一步地向前走。突然，眼前出现一间废弃的小屋。看上去已经很久没人住，经过风吹日晒，摇摇欲坠。

他来到屋前，发现了一个汲水器，这一发现令他兴奋不已。他用尽全力抽水，但滴水全无，他开始绝望了。就在这时候，他看见旁边有一个水壶，壶口被木塞塞住，上面有一张纸条写着："要先把这壶水灌到汲水器，才能打到水。记得在你走之前一定要把这壶水装满。"他小心翼翼地打开壶塞，里面果然装有满满一壶水。这个人犹豫了，面对这壶水，他不知道是不是该按纸条上所说的，把这壶水倒进汲水器里。如果倒进去之后汲水器不出水，岂不是白白浪费了这救命之水？相反，要是把这壶水喝下去也许能保住自己的性命。他想，他不能按纸条上说的做。

最后，一种莫名的信心使他决心照纸条上说的做，事实真的如

同纸条上说的那样，汲水器中涌出了泉水。他痛痛快快地喝了个够！休息了一会儿，他把水壶装满，在纸条上加了几句话："请相信我，纸条上的话是真的，你只有照着去做，才能尝到甘美的泉水。"

**至理箴言**

　　人与人之间最高的信任，无过于言听计从的信任。　　——培根

## 给自己建的房子

　　一辈子都做木匠的老人，准备退休，他对老板说要离开建筑行业，想回家和妻子儿女享受天伦之乐。这位老板很舍不得这样一个好工人离开，便问他能否再帮自己建一座房子。老木匠答应了这最后的请求。虽然答应，但当他开始建造这房子时，却已经心不在焉了。所有人都能看出来，他的心已经不在这里了，他用的是次料，出的是粗活。房子建好的时候，老板把大门的钥匙递给他说："这间房子是我送给你的礼物。"

　　老木匠惊得目瞪口呆，羞愧得无地自容。他没有想，这是在给自己建造房子。如果他早知道是在给自己建房子，他怎么会这样呢？现在他要住在一幢粗制滥造的房子里！我们漫不经心地"建造"自己的生活，不是积极行动，而是消极应付，凡事不肯精益求精，在关键时刻不能尽最大努力。等我们惊觉自己的处境，早已深困在自己建造的"房子"里了。

**至理箴言**

　　良心是我们每个人心壮举的岗哨，它在那里值勤站岗，监视着我们别做出违法的事情来。它是安插在自我的中心堡垒中的暗探。　　——毛姆

## ◆ 帮忙买的彩票

一个先生特别喜欢买彩票，但又因为经常出差而无法亲自去买，只能委托投注站的人帮忙买。一次，他又出差，于是他打电话给他经常去的那个彩票投注站，让那里的一个姑娘帮他买几注彩票，给他留着，等他出差回来再跟她结钱。

因为工作的缘故，这位先生耽搁了归程，不久后，彩票开奖，彩票投注站给他打电话，说他委托站里帮忙买的彩票中了大奖，奖金是518万元。

这位先生根本不相信，以为是在催他回去还钱，只是哈哈大笑，说："你别逗我了，怎么可能呢？就算是中了大奖，彩票也在你那里。"说完，挂掉电话，不再理会。

他心里想，就这么点钱，还要这么催他，"唉，现在的人哪，大家相互不信任。"他在感叹着。

没想到，很快地又接到了投注站的第二个电话，那位帮他投注的姑娘十分焦急地说："先生，你的彩票真的中了大奖，你快回来拿吧。"

他有些生气地说："我们应该算是熟人了，我又不会不给你钱，就不要催了。"说完不耐烦地挂了电话。

三天后，他出差回来，马上去投注站，想结清上一期的欠账。当他刚走进投注站，一张彩票就放到他的手中，原来是那个帮他买彩票的姑娘，她说："你的彩票真的中了大奖，快去兑奖吧。"

这个先生看着手中的彩票，半天反应不过来，他半信半疑地到了兑奖中心，心里猜疑着：真的中奖了吗？没想到，他真的中了大奖，当他领到奖金的时候还仿佛活在梦中一样。

**至理箴言**

　　诚实是力量的一种象征，它显示着一个人的高度自重和内心的安全感与尊严感。
　　　　　　　　　　　　　　　　　　　　——艾琳·卡瑟

## ❖ 埋藏了两千多年的真理

　　埃及的迪拉玛，被称为魔鬼城，它处在帝王谷的入口处，从比东法老到兰塞法老的路中间，凡是走进小城的外地人，没有不上当受骗的。

　　第一个来到这里的外地人是位阿拉伯商人，他想贩些银器回国，结果被一个带路的小孩儿骗走了脚上的一双皮靴。还有一个来自大马士革城的旅行者，他想到帝王谷去探宝，进城不到一刻钟，就被一个吉卜赛人连钱带行李骗了个精光。据说，印度一位道行最高的巫师漫游至此，也没逃出被骗的厄运，他身上唯一的一件东西是一个铜蛇管，被一个哑巴骗走了。

　　然而，自从古希腊的一位哲学家来到这里，这些说法就被动摇了，因为他作为外地人，在城里住了一年，不仅头脑和原来一样清晰，而且随身携带的东西一件都没丢。

　　有位罗马商人得知此事后很是兴奋。他想，一个能毫发无伤地走出迪拉玛的人，一定是破解了法老咒语的人。罗马商人决定去拜访那位希腊哲学家。他随自己的商队来到希腊，可惜那位哲学家已经去世5年了。

　　希腊人告诉他，哲学家临终前在摩西神庙的石壁上留下过一句话，那句话是他从迪拉玛漫游归来后写上去的。于是，商人来到神庙，凝视着石壁上哲学家留下的话，他禁不住喃喃自语道："说得多好啊！说得多好啊！"然后匍匐在地，表达对哲学家的敬意。

2300多年后的一天，一位考古学家在迦勒底山脚下挖出7个巨大的石碑，其中的一块刻着这么一行字：当你对自己诚实时，天下就没人能够欺骗你。这句话，正是那位哲学家留下的。

### ▌至理箴言

我愿证明，凡是行为善良与高尚的人，定能因之而担当患难。

——贝多芬

## ❖ 诚实的回报

有一天，亚历山大大帝到花园散步。

在小榭亭旁，他看到一个年轻的侍从因疲倦而靠在石柱上沉睡。

亚历山大大帝觉得有些奇怪，刚想厉声喝醒那个偷懒的侍从，但转念又停住了。因为他看到一封已经拆开的信从侍从的衣袋里掉了出来。

在好奇心的驱使下，亚历山大大帝拾起了那封信。

原来信是侍从的母亲写来的，信上说侍从上次托人带回家的钱已经买了药，够吃些日子了，并劝慰儿子不要记挂母亲的病……看完信，亚历山大大帝深感母爱的伟大，于是，他从口袋里取出一袋金币放进侍从的衣袋中，转身返回了宫殿。过了一会儿，侍从从睡梦中醒来，下意识地摸衣袋里的家书，竟意外地在衣袋里发现一袋金币，装金币的金丝袋上还有亚历山大大帝的名字。侍从顿时惊出一身冷汗，心里害怕极了，心想这一定是有人陷害自己。为了澄清自己，侍从连忙到宫殿求见亚历山大大帝。

亚历山大听到禀报后，立即接见了那个侍从。

"尊敬的陛下，小人刚才没有忠于职守，偷懒睡了一会儿，醒来时发现衣袋里有一袋金币。这一定是有人想陷害我，望陛下明察。"

说完，侍从手捧那袋金币递给亚历山大。

亚历山大大帝听了，和蔼地笑道："看来，你很诚实，那么这袋金币就是你诚实的回报。现在你可以把这些金币捎回家，给母亲买药治病了。"

侍从做梦也没有想到，自己的诚实会获得如此丰厚的回报。

■ 至理箴言

　　我深信只有有道德的公民才能向自己的祖国致以可被接受的敬礼。

——卢梭

## ❖ 诚实的鲁宗道

鲁宗道是宋真宗时太子的教师，其人忠厚老实，一生清廉。有一次，真宗有事召见他，于是就派人去召他进宫。鲁宗道正和客人在酒店里喝酒，且酒兴正浓，便过了一会儿才进宫。

有人提醒他说："你来得也太迟了，君主会怪罪您的，快想个什么借口敷衍一下吧。"鲁宗道说："喝酒，是人之常情，欺骗君主，则是以下犯上，犯有欺君之罪，是臣子的大过。"

进入宫中，真宗果然问他为什么迟到，鲁宗道说："恰巧有个亲戚从远方来，所以同他一起喝了几杯。"

真宗笑了，对鲁宗道的坦诚十分赞叹，认为他是个人才，可做大官，于是就执笔写道："鲁爱卿的职位可到参政一级。"

■ 至理箴言

　　走正直诚实的生活道路，必定会有一个问心无愧的归宿。

——高尔基

## ❖ 孩子们知道那是不同的

在纽约市，一个阳光普照的周末午后，一位自豪的父亲——巴比·路易斯正要带着他的两个儿子打高尔夫球。他走向售票柜台问道："进去要花多少钱？"

年轻的售票先生回答："大人3美元，6岁以上的小孩也要3美元，刚好6岁或小于6岁的小孩免费，他们两个几岁？"

巴比答道："一个3岁，另一个7岁，所以我想我得付六美元。"

那位售票先生笑道："嗨！先生，你是刚中了彩券还是发了财？你只要告诉我较大的男孩6岁，就可以替自己省下3美元，我又看不出来有什么差别。"

巴比回答："你说的没错，但是孩子们知道那是不同的。"

### ■ 至理箴言

　　人类最不道德处，是不诚实与怯懦。　　——高尔基

## ❖ 一言既出

到纽约，不去看看闻名世界的自然历史博物馆将会是件憾事。这间由100多个基金会、200多家大公司及50多万会员鼎力支持的民营机构，收藏了数十万件价值连城的物品，实在值得一看再看。

一次，摩根去参观自然历史博物馆，在一楼的纪念馆里欣赏闪光晶亮的各种宝石。忽然，一位男导游迅速脱下夹克，盖在一块数

百公斤重的大石头的一个缺口上，再将带来的游客叫到跟前："你们看着，这只是一块普通石头吧！那位女士，请你过来一下！"那位游客走到前面，导游员将夹克像变魔术似的拿开，那女士伸头望了一下不禁大声叫了起来。

随着这一声惊叫，摩根和其他游客涌上前去，看个究竟。原来里面竟然是耀眼闪光的紫水晶。

导游说话了："这块石头有个动人的故事。它原本是弃置在佛罗里达一户人家的后院里。有一天，主人因石头有碍观瞻，就叫人来把它搬走。谁知就在搬上卡车时，工人一时失手，石头掉在地上，碰裂了一个口，大家就像你们刚才一样，都叫了起来，因为这并不是一块普通的石头，而是一块紫水晶。主人知道真相后，平静地说："这块石头，我本来就是要丢掉的。现在虽然发现它是宝物，想必是上天的旨意，我一言既出，绝不反悔。我决定不占为已有，而将它送给博物馆，让更多的人来欣赏。"

导游讲完故事后，全场寂静无声。

■ 至理箴言

一言既出，驷马难追。　　　　　　　　——《论语》

## 逃票记录

有一名在德国的留学生，成绩优异得很，他四处求职却四处碰壁。不仅大公司，很多小公司都拒绝了他。

终于有一次，他忍无可忍，对一家很小的公司拍案而起："你们这是种族歧视！我要控诉！"德国人礼貌地请他坐下，为他送上一杯茶水，然后从档案袋里抽出一张纸，放在他面前。留学生拿起看了看，傻眼了，哑口无言了。

这是一份记录，记录在案的是他乘坐公共汽车时，曾经有过的逃票记录。这位高材生居然逃票3次被抓，在严肃严谨的德国人看来，那是永远不可饶恕的。

■ **至理箴言**

信用像一面镜子，一有裂痕，就难以复原。　　——亚美路

## 原　则

哈特曼教授满脸的胡须挡住了他的面孔，使他看上去像一位很凶、难以接近的老师。学期第一个完成的专题报告发下来，突然，我紧盯住手中的作业，无法相信自己的眼睛。一个只有十分的作业，竟被老师扣去两分，我心里一阵沮丧。当老师刚刚宣布下课，我已经冲到老师面前，还没来得及开口，老师却说："我的课已经结束，有问题请与我的助手预约，明天上午我会在办公室里一对一回答你。"

哈特曼教授办公室的门半开着，还未看到老师的面孔，已经听他说："请进来。"我匆忙地推开门，他看了看墙上的钟表说："你迟到了两分钟。""对不起，刚才走到另一个方向去了。"我说。他不耐烦地摇了摇头："难道这跟我有什么关系吗？好，你今天的问题？"

我拿出考卷，平放在老师的桌上，说："对不起，我把hartman写成hartmen，把a写成e，今后我会注意。可是这道题总共才有十分，为了一个字母就被扣去了两分。"

"还有其他的问题吗？"

"没有。"

"如果是这样,请让我第一次也是最后一次来回答这个不成问题的问题。"

他在书桌上一笔一画地写下了 hartman,用笔在上面敲了敲:"这是一个人的姓名,写错了就好像一只狗被称呼为一只猫,你认为这样的问题不严重吗?"

"我保证不会再发生此类错误,对不起。"

"我接受你的道歉。但成绩我不会更改!我有我教课的原则。"教授说。

**至理箴言**

对人以诚信,人不欺我;对事以诚信,事无不成。——冯玉祥

## 樱桃树的故事

美国第一任总统乔治·华盛顿幼时顽皮、淘气,但他非常诚实,从不隐瞒自己的过错。

乔治·华盛顿 6 岁时,得到了一把小斧头。他非常喜爱它,随时把它带在身边,拿在手上挥舞着。他的家——古老的布里奇斯溪庄园,坐落在波托克河畔。沿河美丽的景色,庄园幽雅的自然风光,陶冶着乔治·华盛顿和他的兄弟们的心灵。

乔治喜欢在庄园里四处走动。有了小斧头之后,他很想试一试小斧头的锋利和自己的力量。他走在庄园里,总是这里砍几下,那里削点什么,小斧头的锋利和自己的力气,使他得到了一种满足。

乔治没有多想,一挥斧把一棵小樱桃树砍断了。他没想到这是父亲特别喜欢的一棵树。砍断后乔治对小伙伴们炫耀说:"我的武器真棒!一斧头砍下去这棵树就断了。"

这一天，他感到非常愉快。夜里，乔治做了个梦，也是挥舞着小斧头在砍树。小斧头威力无比，神奇地砍倒了一棵又一棵树……有趣极了。

第二天清早，父亲发现小樱桃树被砍断了。他蹲伏在地上的小树旁，双手捧着断枝，既伤心又愤怒，并且决定要追查伤害樱桃树的"凶手"。

孩子们面对像变了个人似的父亲，等待着接受严厉的惩罚。乔治低着头等到父亲发过脾气之后，站到了父亲面前，双眼噙着泪水，极其真诚地承认了自己的行为所造成的严重过失。

他说："樱桃树是我用小斧头砍断的。"

父亲气愤地说："你可以说谎！可以说不是你砍断的。"

"不，我不能说谎。"乔治低下头来承认，"爸爸，我不能说谎，我用小斧头砍断了小樱桃树，惹您生气了。"

正当乔治等待着父亲的严厉处罚时，父亲却叹了一口气，一丝不易被察觉的笑意出现在脸上。他被孩子敢于承认错误、承担责任的勇气所感动，他从这个孩子身上看到了希望，看到了真诚和勇敢的光芒……

突然，他的语气缓和起来："你真是个可爱的孩子！"

乔治·华盛顿抬起头来，一双泪眼望着父亲。他幼小的心灵烙上了人生之始的为人标准，这使他以后的成长有了方向。甚至在长大之后，他仍是忘不了当初父亲关于"樱桃树"事件的意味深长的一段话："乔治，你敢于承认错误的勇气令我感动。你知道吗？你的这种勇敢行为要比我这棵樱桃树值钱得多，要比开着银花结着金果的一千棵树还值钱！我要培养你，送你进学堂，可爱的孩子。"

### ▊至理箴言

人生最可爱的地方在于人的忠诚。　　　　　——教洛基

## 金斧头

从前，有一个人叫程实，是个十五六岁的小伙子，在地主张剥皮家里当小工。有一天，程实上山去打柴。过河的时候，一不当心，把斧头落到河里去了。程实失落了斧头，不能上山砍柴，回家又怕张剥皮的皮鞭子，他急得在河岸上放声大哭。哭声把树叶子都震动了，把河水都感动了。他的哭声感动了河神。

"孩子，你哭什么？什么事情使你这样伤心？"河神化成个白胡子老头，站在程实的面前问。

"老公公，我的斧头落到河里去了，我怕东家的皮鞭子！"程实老老实实地回答。

"孩子，别伤心啦，我下河给你捞上来。"老公公刚说完话，"扑通"一声跳到河里。

老公公拿上来一把金斧头，问程实："孩子，这把斧头是你的吗？"

程实接过来一看，金光闪闪，怪可爱的，但是他说："老公公，这不是我的。"老公公点点头，和蔼地笑了笑。

老公公又跳下河去，这一次拿上来的是一把银斧头，银光亮亮，怪可爱的。但是，程实说："老公公，这把斧头也不是我的。"老公公仍然点点头，又和蔼地笑了笑。

老公公第三次跳下河去，这一次拿上来的是一把铁斧头。程实接过来一看，说："谢谢老公公，这把是我的斧头了。"老公公仍然点点头，又和蔼地笑了笑说："孩子，诚实的孩子，你会永远愉快和幸福的！"

程实拿了这把斧头，砍起柴来感到特别轻松愉快。昨天要一天才能砍一担柴,今天只要一个上午便砍了一担柴。他愉快地唱着山歌,挑着柴回来了。

程实回到地主家里,把失落斧头的事情,全都告诉了张剥皮。张剥皮骂了程实一顿:"傻瓜,你为什么不要金斧头?"

第二天,张剥皮伪装去砍柴,过河的时候,故意把斧头丢到河里,假意地放声大哭,比程实哭的声音还要大。河神也被感动了。

"老乡亲,你哭什么?什么事情使你这样伤心?"

"老公公,我的斧头落到河里去了,我怕主人的皮鞭子!"张剥皮不老实地回答。

"老乡亲,别伤心啦,我下河给你捞上来。"老公公刚说完话,"扑通"一声跳到河里。

老公公拿上来一把铁斧头,问张剥皮:"老乡亲,这把斧头是你的吗?"张剥皮一看,摇了摇头,说:"老公公,这不是我的!"老公公头也不点了,笑容也不见了。

老公公又跳下河去,这一次拿上来的是一把银斧头,银光亮亮,怪可爱的。但是,张剥皮说:"老公公,这把斧头也不是我的。"老公公第三次跳下河去,这一次拿上来一把金斧头。

"老乡亲,这把斧头是你的吗?"老公公这句话的声音很响亮,声音里还有点愤怒。

张剥皮一看,金斧头金光闪闪,想着这可值好多钱呢!他笑嘻嘻地说:"谢谢你老公公,这把斧头可真是我的了!"

老公公把金斧头给了张剥皮,自己走了。张剥皮得到一把金斧头,有说不出的欢喜。他想把这把金斧头做传家宝,传给儿子,儿子传给孙子,如此一代一代传下去。他又想把金斧头花掉,多买几百亩地,让子孙更享福。但是,他也在发愁,把金斧头放在哪里呢?会不会被别人偷去呢?他想快点回家,回去把金斧头交给老婆藏在箱子里。张剥皮想得很多,东想西想,但是他没有一次是想到拿金斧头上山去砍柴。张剥皮开心地走在桥上。河里的水流得很急,像在和谁生气一样。张剥皮一心想着金斧头，他忘掉自己是走在极危险的独木桥上。他还在桥上舞着斧头，自言自语地说："这下我可是世界上最有钱的人了，这世界也就全是我的了。"话没说完，他一个筋斗跌下河去，只在河的急流中冒了两次头，便再也看不到他的人了。当然金斧头他也没有得到。

■ **至理箴言**

　　人际关系最重要的，莫过于真诚，而且要出自内心的真诚。真诚在社会上是无往不利的一把剑，走到哪里都应该带着它。

——三毛

## ❖ 刻骨铭心的一课

　　我16岁那年的一个早晨，父亲说他要去一个叫米雅斯的村子办事。路上，他把汽车交给我驾驶，但条件是在他逗留于米雅斯村期间，我要替他将车子送到附近的一个修车铺检修。我当时刚刚学会开车，却极少有实践的机会，到米雅斯村近20英里，足以让我狠狠地过一把开车的瘾。在修车铺的师傅检修车子时，我去附近的一家电影院看电影，我接连看了4部。出了电影院，我一瞧手表，已经是六点钟了。比我与父亲约好的时间整整迟了两个小时！

　　我知道，如果父亲得知我是由于看电影而迟到，一定会生气，可能因此就不再让我开车了。于是，我编了瞎话，告诉他汽车需要修理的地方很多，所花的时间也相应地长了。他瞥了我一眼："贾森，你为什么要撒谎？""我没有撒谎，我说的是实话。""四点钟的时候，我给修车铺打了电话，他们说车早就修好了。"我顿时满脸通红。我向他承认了看电影的事实，并解释了决定撒谎时的想法。父亲认真地听着，脸上蒙上一层阴霾。

"我非常生气，但不是生你的气，而是生我自己的气。我想，我是一个不称职的父亲，我让你感到对我撒谎比说实话更有必要。我要步行回家，好在路上深刻反思自己这些年来教育子女方面的失误。"

不论我如何恳求，如何抗议，如何道歉，他都置之不理。父亲大步踏上了乡村崎岖的泥路。我赶紧跳上汽车，开车跟在他后面，希望他能回心转意。我不停地央求他，不断地自我批评，但均无济于事。他一个人走回了家。

看着父亲承受着疲惫和痛苦，作为儿子，我却无能为力，这是我生平有过的最难受的经历，也是最让我刻骨铭心的一课。从此以后，我没有对父亲说过一句谎话。（贾森·博卡罗）

### ■至理箴言

真诚是一种心灵的开放。　　　　　　　　——拉罗什富科

## ❖ 卖布的尺

有个人开了一家布店，一连数年，他都是用一个短尺寸的木尺卖布。

有一天他良心发现，想要把尺换掉，规规矩矩地卖布，做个诚实的商人，但又转念一想，不如先到对门的另一家布铺，看看他的尺寸如何，再作打算。

他拿着一根小带子，趁对方生意忙乱之际，偷偷用那小带子把那家的木尺量了一量。回来一看，那家的木尺居然比自己的还短一厘米。

于是他强压住自己的良心说，我的尺虽不足长度，还比对门的长了一厘米，我总比他强。

于是，他仍用那把木尺继续欺骗顾客。

**至理箴言**

　　自欺永远摇摆于真诚和犬儒主义之间。　　　　——萨特

## ◆ 许下诺言就要遵守

　　1998年11月9日，美国犹他州的一位小学校长——42岁的路克，在雪地里爬行16公里，历时三小时去上班，他这一举动受到路人和全校师生的热烈赞赏。

　　原来，在新学期开始，为鼓励全校师生积极读书，路克曾公开打赌：如果你们在11月9日前读完15万页书，我在9号那天爬行上班。

　　全校师生的读书热情一下子被激发出来。连校办幼稚园刚认得几个字的孩子也参加了这一活动，大家终于在11月9日前读完了15万页书。有的学生打电话给校长："你爬不爬？说话算不算数？"也有人劝校长："你已达到激励学生读书的目的，不要爬了。"可路克坚定地说："一诺千金，我一定爬着上班。"

　　与平常一样，11月9日，路克于7点钟打开家门，所不同的是今天他没有开车，而是四肢着地爬行上班。为了安全和不影响交通，他不在公路上爬，而在路边的草地上爬。过往汽车向他鸣笛致敬，有的学生索性和校长一起爬，新闻单位也前来采访。

　　经过3小时的爬行，路克磨破了5副手套，护膝也磨破了，但他终于到了学校，全校师生热烈欢迎自己尊敬的校长。当路克从地上站起来时，孩子们蜂拥而上，拥抱他，亲吻他……

**至理箴言**

　　遵守诺言就像保卫你的荣誉一样。　　　　——巴尔扎克

## 即使被赶走也要说真话

米开朗琪罗从小就喜欢绘画，一心想当个艺术家，但父亲完全不支持。

他13岁那年的一天，他偶然走进了一家绘画作坊，里面堆满了画板、画架和画框，墙上和地上溅满了斑斑点点的颜料和油漆。可在米开朗琪罗的眼里，这儿仿佛就是一座奇妙的殿堂。他惊喜而又好奇地看着这一切，忘记了上学，最后竟兴致勃勃地帮着画家们研磨起颜料来了。更令他喜出望外的是，作坊的主人、著名画师基兰达约居然一眼就看中了他，想收他为徒。

基兰达约将自己的想法告诉了米开朗琪罗的父亲。他父亲一听心里就火了。他想把儿子培养成出人头地的大官，而基兰达约却要儿子去做一个下贱的匠人，真是岂有此理！但他没有当场拒绝基兰达约，他认为儿子只是一时贪玩，并不会真的愿意去一辈子当一个画匠。"嗯，我的孩子，"他故意慢腾腾地对米开朗琪罗说，"你愿不愿意离开我们这个受人尊敬的家庭去给这位先生当仆人，使他有权让你干最脏的活儿，并且可以随意打骂你？"

米开朗琪罗明白爸爸想听到什么样的回答，但他更明白，要想成为一个真正的艺术家，就必须得有说真话的勇气。

于是他回答道："是的，爸爸，我愿意去学画画。"就这样，13岁的米开朗琪罗告别了自己富裕而舒适的家，搬进了绘画作坊，开始了半是学徒半是仆人的艰苦生活。在这里，他刻苦学艺，废寝忘食地临摹、创作。功夫不负有心人，仅仅过了一年，他的绘画技艺就有了飞速的进步，在有些方面甚至超过了他的老师基兰达约。谁知基兰达约是个小心眼儿的人，他妒忌米开朗琪罗的才华，害怕他会超过自己，于是，总是对他横挑鼻子竖挑眼，甚至想把他赶出画室。

一次，基兰达约叫米开朗琪罗复制他画的一幅素描作品。当米开朗琪罗精心复制完毕以后，他又像往常一样吹毛求疵了。"你画的这是什么呀？"他看也没看就从米开朗琪罗手中夺下画，当着众人的面吼叫道，"你自己瞧瞧，乱七八糟的，我都替你脸红！"

米开朗琪罗一看那幅画，不由得惊呆了——那幅画是老师自己画的呀！他的心咚咚直跳：我该不该把实话告诉老师？

最终，他鼓起勇气说："老师您错了，这幅画是您画的。"

"什么？"基兰达约叫了起来，可再仔细一看自己手中的画，他的脸色立即变得苍白起来。他理屈词穷地吼道："滚！你给我滚出去！我再也不想见到你了！"

## ■ 至理箴言

实话可能令人伤心，但胜过谎言。　　——瓦·阿扎耶夫

## ◆ 诚信立足

商鞅本是卫国的没落贵族，他听说秦孝公求贤若渴，便来到秦国。秦孝公听商鞅谈论富国强兵之道后，很赞同他的变法主张。

公元前356年，秦孝公任用商鞅，实行变法。但商鞅担心老百姓不按新法办事。为了取信于民，商鞅就在国都咸阳的南门外立起一根3丈高的木柱，命官吏看守，并且下令：谁将此根木柱搬到北门，就赏黄金20两。

当时围观的群众很多，但大家一是不明白官府的意图，二是不相信有这等好事，所以没人敢行动。

商鞅听说后，心想，老百姓没人肯搬柱子，可能是嫌赏钱太少

吧！于是他又下令：把赏钱增加到黄金100两。

"重赏之下，必有勇夫"。第三天，就有一个胆大的壮汉，半信半疑地把木柱扛到了北门。

商鞅马上召见了搬木柱的壮汉，对他说："你能听从国家的法令，是个好百姓。"并立刻赏他100两黄金。

这个消息不胫而走，举国轰动，大家都说商鞅有令必行。

第二天，商鞅公布新法令，虽然新法遭到一些贵族特权阶层的反对，但由于得到了老百姓的支持，新法最终在秦国得到了顺利推行。

■ 至理箴言

没有诚实，何来尊严？ ——西塞罗

## ❖ 要冠军还是要诚实

在华盛顿举办的美国第四届全国拼字大赛中，南卡罗来纳州冠军——11岁的罗莎莉·艾略特一路过关斩将，进入了决赛。当她被问到如何拼"招认"这个字时，她轻柔的南方口音，使得评委们难以判断她说的第一个字母到底是 A 还是 E。

评委们商议了几分钟之后，将录音带倒回重听，但是仍然无法确定她的发音是 A 还是 E。

解铃还得系铃人。最后，主考官约翰·洛伊德决定，将问题交给唯一知道答案的人。他和蔼地问罗莎莉："你的发音是 A 还是 E？"

其实，罗莎莉从他人的低声议论中，已经知道这个字的第一个字母应该是 A，但她毫不迟疑地回答，她的发音错了，她念了 E。

主考官约翰·洛伊德又和蔼地问罗莎莉："你大概已经知道了正确的答案，完全可以获得冠军，为什么还承认错误的发音？"

罗莎莉认真地回答说:"我愿意做个诚实的孩子。"

当她从台上走下来时,几乎所有的观众都为她的诚实而热烈鼓掌。

第二天,有一篇名为《要冠军还是要诚实》的报道如此评论:罗莎莉虽没赢得第四届全国拼字大赛的冠军,但她的诚实却感染了所有的观众,赢得了所有观众的心。

### ■至理箴言

不要说谎,不要害怕真理。 ——列夫·托尔斯泰

## ◆ 两件最可怕的事情

比萨的大公有个私生子叫麦里奇,大公将他当作掌上明珠,并封他为公爵。麦里奇不学无术,却又自视才高。有了地位,还想要学术上的名誉。他花费很多钱,制造了一部笨重机器,声称要用它去疏通深港。

麦里奇为了扩大他这个发明创造的影响,特意把伽利略请去参观。

麦里奇很热情地接待伽利略,又邀请来一些名人陪同,并当着大家的面说了不少吹捧伽利略的话。

伽利略仔细地审视了这个庞然大物,反复测量了机器的尺寸,又根据浮力原理和有关重力的知识,当场就得出结论。他郑重地告诉麦里奇公爵,这部机器必然会在海水中下沉,用它来疏通深港是不可能的。

伽利略如此坦诚地说出自己的看法,这是麦里奇没有料到的。如果麦里奇能听进伽利略的忠告,事情就会简单得多,但麦里奇认为伽利略是在故意与他作对,损他的面子。为了挽回自己的面子,麦里奇当场命令人把机器拉到海边港湾中去试验。结果机器还没开

动，就沉到了海底。

聚集在海岸上围观的人们都哈哈大笑起来。这里的人比之前参观的人又多了许多。

麦里奇恼羞成怒，便把怒气全部发到了伽利略的身上。他认为如果伽利略肯为他说几句圆场的话，这一切都不会发生。为激起大公对伽利略的仇恨，他又污蔑伽利略，说伽利略曾经说过比萨大公的坏话。

比萨大公轻信了儿子，对伽利略产生了厌恶。

比萨大学的一些教授，过去在学术研究上不诚实，受到过伽利略的指责，这些人一直为此耿耿于怀，听说比萨大公反感伽利略后，个个兴奋异常，觉得报复的机会终于到了。这些教授趁着这个"大好"时机，不择手段地攻击伽利略。他们还教唆一些头脑简单的学生，在伽利略上课时起哄捣乱。

伽利略无比愤慨，但他没有妥协。他索性辞去了该大学的教授职务，离开比萨大学，回佛罗伦萨去了。这时，伽利略的父亲已得了重病。年迈的老人知道伽利略丢了工作，生活无着，心里很难过，病情日益加重，不久就去世了。

当时，伽利略的弟妹们都没有工作，家里又无积蓄，作为一家之主的伽利略陷入了极度的悲痛和贫穷之中，相当长的一段日子里，他不得不靠借贷和帮人干点儿杂活来勉强维持生活。麦里奇听说了伽利略的艰难处境，捎来信，说伽利略如果愿意写一篇为他叫好的文章，他可以帮助伽利略恢复在比萨大学的教授职位。

伽利略扔掉了信。他说，不诚实和失业一样，都是可怕的事。已经有一件可怕的事发生在他身上了，他绝对不会再让另一件可怕的事发生。

■ 至理箴言

　　诚实的人从来讨厌虚伪的人，而虚伪的人却常常以诚实的面目出现。
　　　　　　　　　　　　　　　　　　　　——斯宾诺莎

## ◆ 诚实的空花盆

有一位贤明而受人爱戴的国王，把国家治理得井井有条，人民安居乐业。国王的年纪逐渐大了，但膝下仍无子女，这件事让国王很伤心。终于，他决定在全国范围内挑选一个孩子收为义子，培养成自己的接班人。

国王选子的标准很独特，他给孩子们每人发一些花种，宣布谁如用这些种子培育出最美丽的花朵，那么谁就成为他的义子。

孩子们领回种子后，开始了精心的培育，从早到晚，浇水、施肥、松土，谁都希望自己能够成为幸运者。

有个叫波特的男孩儿，同其他人一样也整天精心地培育花种。但是，10天过去了，半个月过去了，一个月过去了，花盆里的种子连芽都没冒出来，别说开花了。

苦恼的波特去请教母亲，母亲建议他把土换一换，但依然无效，母子俩束手无策。

国王决定的观花日子到了。无数个穿着漂亮衣裳的孩子们涌上街头，他们捧着各自的花盆，用期盼的目光看着缓缓巡视的国王。国王环视着争奇斗艳的花朵和漂亮的孩子们，并没有像大家想象中的那样高兴。

忽然，国王看见了端着空花盆的波特。他无精打采地站在那里，眼角还有泪花，国王把他叫到跟前，问他："你为什么端着空花盆呢？"波特抽咽着。他把自己如何精心侍弄，但花种怎么也不发芽的经过说了一遍，还说，他想这是报应，因为他曾在别人的花园中偷吃过一个苹果。没想到国王的脸上却露出了最开心的笑容，他把波特抱起来，高声说："孩子，我找的就是你！""为什么是这样？"大家不解地问国王。国王说:"我发下的花种全部是煮过的,根本就不可能发芽开花。"

捧着鲜花的孩子们都低下了头,他们全都另播了种子。

**■ 至理箴言**

　　欺人只能一时,而诚信才是长久之策。　　——约翰·雷

## 从不食言的莱古勒斯

　　从前,在地中海的另一边有一座大城市,名为迦太基。罗马人一直对迦太基人很不友好,最后两国爆发了一场战争。有一段时间,双方势均力敌,各有胜负,难分高下。有时罗马人赢得一个战役,但随后迦太基人又会获得另一个战役的胜利。

　　战争就这样持续了许多年。

　　罗马军队中有一位英勇善战的将军,名叫莱古勒斯。据说,这个人从未食言。碰巧,战争开始后不久,莱古勒斯就被敌方捉住成了战俘,被押送到迦太基。他又患病又孤独,时常想起远在海那边的妻儿,但与他们相见的希望微乎其微,虽然罗马人在一个战役中打了败仗,而且莱古勒斯被敌人擒获,但罗马军队正在逐步占据上风,迦太基人害怕最终遭到失败。因此他们派人去其他国家招兵买马。然而即使如此,他们也坚持不了多长时间。

　　一天,迦太基的几位头领来监狱中找莱古勒斯谈话。

　　"我们打算和罗马人民和好。"他们说,"我们相信,如果你们的领袖们了解战事的发展情况的话,会乐意和我们讲和的。如果你同意把我们的话告诉他们,我们就会把你放了,让你回家。"

　　"什么话?"莱古勒斯问道。

"首先,"他们说道,"你必须把你们输掉的那些战役告诉罗马人,而且你必须让他们明白,这场战争并没有为他们赢得任何东西。第二,你必须向我们发誓,如果他们不讲和,你必须回来继续坐牢。"

"很好,"莱古勒斯说,"我向你们发誓,如果他们不同意讲和,我就回来继续坐牢。"

就这样迦太基头领把莱古勒斯放了出来,因为他们清楚一个伟大的罗马人不会背信弃义。

莱古勒斯回到罗马时,人们都热情地和他打招呼。他的妻子儿女更是兴奋不已,因为他们认为他们全家人再也不会分开了。那些为罗马制定法律的元老院议员来见他,向他询问战争的情况。

"迦太基人把我放回来,请求你们与迦太基讲和。"他说道。

"但是讲和是不明智的做法。我们确实在几个战役中遭到了失败,但我们的军队每天都在攻城拔寨,迦太基人很害怕。再坚持一段时间,迦太基就会是你们的了。至于我,我是来和妻子儿女及罗马告别的。明天我将启程,返回迦太基,继续坐牢,因为我发过誓。"

那些白发的元老院议员开始劝他留下来。

"让我们派另一个人代替你。"他们说道。

"一个罗马人能说话不算数吗?"莱古勒斯说道,"我已经身染重病,活不了多长时间了。我要履行自己的诺言,返回迦太基。"

听了这些,莱古勒斯的妻子和孩子开始哭起来,他的几个儿子请求他不要离开他们。

"我已经发过誓,"莱古勒斯说道,"我必须遵守诺言。"

莱古勒斯和他们告别后,毅然返回迦太基的监狱,走向他所预料中的死亡。

### 至理箴言

失信就是失败。

——左拉

## 瑞士洗盘子的规矩

在瑞士的一个中国留学生利用课余时间在餐饮店洗盘子以赚取学费。瑞士的餐饮业有一个不成文的行规，即餐馆的盘子必须用水洗上6遍。洗盘子的工作是按件计酬的，这位留学生在洗盘子时少洗了一两遍，这样一来，工作效率大大提高，报酬自然也迅速增加。一起洗盘子的瑞士学生向他请教技巧。他毫不避讳地说："少洗一遍嘛！洗了6遍的盘子和洗了5遍的有什么区别吗？"瑞士学生听了，就与他渐渐疏远了。

餐馆老板偶尔抽查一下盘子清洗的情况。一次抽查中，老板查出他洗的遍数不够，责问他时，他却振振有词："洗5遍和洗6遍不是一样干活吗？"老板只是淡淡地说："好吧，既然你是这样缺乏良知的人，你可以离开这里了。"

他到另一家餐馆应聘洗盘子。这位老板打量了他半天说："你就是那位只洗5遍盘子的中国留学生吧。对不起，我们不需要！"第二家、第三家……他屡屡碰壁。后来，他的房东也要求他退房，原因是他的"名声"对其他住户（大多是留学生）的工作产生了不良影响。而且，他就读的学校也希望他能转到其他学校去，因为他影响了学校的生源……

万般无奈，他只好收拾行李搬到另一座城市重新开始。他痛心疾首地告诉准备到瑞士留学的中国学生："在瑞士洗盘子，一定要洗6遍呀！"

**至理箴言**

金钱比起一分纯洁的良心来，又算得了什么呢？　　——哈代

## ◆ 守时也是一种信用

1779年，德国哲学家康德计划到一个名叫瑞芬的小镇去拜访朋友威廉·彼特斯。他动身前曾写信给彼特斯，说3月2日上午11点钟前到他家。

康德是3月1日到达瑞芬的，第二天早上他便租了一辆马车前往彼特斯家。朋友住在离小镇12英里远的一个农场里，小镇和农场之间隔了一条河。当马车来到河边时，车夫说："先生，不能再往前走了，因为桥坏了。"

康德下了马车，看了看桥，发现中间已经断裂。河虽然不宽，但很深而且结了冰。

"附近还有别的桥吗？"他焦虑地问。

"有，先生。"车夫回答说，"在上游6英里远的地方还有一座桥。"

康德看了一眼怀表，已经10点钟了。

"如果走那座桥，我们什么时候可以到达农场？"

"我想要十二点半钟。"

"可如果我们经过面前这座桥最快能在什么时间到？"

"不用40分钟。"

"好！"康德跑到河边的一座农舍里，向主人打听道，"请问您的那间木屋要多少钱才肯出售？"

"您会要我简陋的木屋，这是为什么？"农夫大吃一惊。

"不要问为什么，你愿意还是不愿意？"

"给200法郎吧！"

康德付了钱，然后说："如果您能马上从木屋上拆下几根长的木条，20分钟内把桥修好，我将把木屋还回给您。"

农夫把两个儿子叫来，按时完成了任务。

马车快速地过了桥，在乡间公路上飞奔着，11点整，康德赶到了农场。在门口迎候的彼特斯高兴地说："亲爱的朋友，您真准时。"

■ 至理箴言

时间就是生命，无端的空耗别人的时间，其实无异于谋财害命的。

——鲁迅

## 第二辑 友爱

要想得到别人的友谊，自己就得先向别人表示友好。
——爱默生

### ◆ 爱的回赠

一个阴云密布的午后，人们都在匆忙赶路。瞬间，大雨倾盆，路人们开始纷纷逃进附近的店铺里躲雨。此时，一位浑身湿淋淋的老妇人步履蹒跚地走进费城的百货商店，打算在这里躲一下雨。售货员们看她衣着简朴，都对她爱理不理。

这时，一位年轻人走到老妇人的面前，微笑着问道："夫人，我能为您做点什么吗？"老妇人莞尔一笑："谢谢，我不需要，我只是想在这里躲会儿雨，马上离开。"说完，老妇变得心神不定。来这里躲雨，却又不买人家的东西，谁会愿意呢？于是，她开始在百货店里转悠，希望可以买点什么，哪怕只买个小饰物，也能给自己找个光明正大的躲雨理由。

就在她不知所措的时候，刚才那个年轻人又走过来说："夫人，您不必为难，我在门口给您搬了一把椅子，您坐着休息就是了，不需要买任何东西。"雨下了两个小时，天晴后，老妇人向那个年轻人道了声谢,并向他要了张名片,就离开了。

几个月后,费城百货公司的总经理收到一封信,写信人要求将那位年轻人派往苏格兰收取装潢一整座城堡的订单,并让他负责自己家族所属的几个大公司下一个季度的办公用品的采购任务。总经理粗略地算了一下,他发现这封信带来的利益相当于他们公司两年的利润总和,这让他震惊不已。

原来,写信的是那位躲雨的老妇人,她是美国百万富翁"钢铁大王"卡内基的母亲。总经理得知一切后,马上推荐那位年轻人到公司董事会。当年轻人收拾好行李准备去苏格兰的时候,他已经是这家百货公司的合伙人了。那时,这位年轻人22岁,叫菲利。

接着几年,菲利并没有像一些有钱人那样变得骄傲自满,他坚持自己一贯的踏实和诚恳,成为钢铁大王卡内基的左膀右臂,在事业上扶摇直上,一跃成为美国钢铁行业的重要人物。菲利29岁时已为全美国的近百家图书馆捐赠了800万美元的图书,因为他希望用知识帮助更多的年轻人走向成功。

■至理箴言

　　最好的满足就是给别人以满足。　　——拉布吕耶尔

## 谁更真诚

日本社会关系学专家谷子博士讲过这样一个故事。

有一个富翁为了测试别人对他是否真诚,就假装生病住进医院。结果,那富翁说:"很多人都来看我,但我看出其中许多人都是为了分配我的遗产而来的,特别是我的亲人。"

谷子博士问他:"你的朋友来看你了吗?"

"经常和我有往来的朋友都来了,但我知道他们不过是当作一种例行的应酬罢了。还有几个平素和我不睦的人也来了,我想他们肯定是听到我病重的消息,幸灾乐祸来看热闹的。"

照他的说法,他测验的结果就是:根本没有一个人对他有真正的感情。

谷子博士就告诉他:"为什么我们苦于测验别人对自己是否真诚,而从来不测验一下自己对别人是否真诚呢?"

### ■ 至理箴言

如果要别人诚信,首先要自己诚信。　　——莎士比亚

## ❖ 真诚地关心别人

西奥多·罗斯福的仆人都非常喜爱他。

他的那位黑人男仆詹姆斯·阿默斯曾写过一本关于他的书,取名《西奥多·罗斯福——他仆人的英雄》,阿默斯在书中写道:"我妻子有一次问总统关于鹌鸟的事,因为她从未见过鹌鸟。于是总统详细地描述了一番。不久以后,我们小屋里的电话铃响了。我妻子拿起电话,才知道是总统本人打来的。

"他特意打来告诉她,我们屋子窗口外面正好有一只鹌鸟,如果她往外看,就能看到。罗斯福时常做这类小事。每次他经过我们的小屋,如果看不到我们,他就会轻轻地叫着'呜、呜、呜,安妮!'或'呜、呜、呜,詹姆斯!'这是他表示友好的一种招呼习惯。"

仆人怎能不喜欢一个像他这样的人呢?

一个人真诚地对别人感兴趣的话,即使工作非常忙碌,也可以使别人得到关心,获得帮助。

有一天，卸任后的罗斯福到白宫去。不巧的是，总统和总统夫人都不在。这时，他那种真诚对待身份卑微的人的态度完全体现出来了：他同所有的白宫旧仆人打招呼，而且能叫出每个人的名字，连厨房里的姑娘也不例外。

当他见到厨房的阿丽丝时，问她是否还烘制玉米面包。阿丽丝回答，她有时为其他仆人烘制一些，但是楼上的人都不吃。

"他们的口味太差了，"罗斯福颇为不平，"等我见到总统的时候，我会这样告诉他。"阿丽丝端出一块玉米面包放在盘子上给他，他一面吃着一面向办公室走去，经过园丁和工人的身旁时，还不断跟他们打招呼……

"他对待每一个人，还和以前一样。"仆人们互相低声议论着。而一名叫艾克·胡佛的仆人眼中含泪说："这是近两年来我们唯一的愉快日子，我们任何人都不愿拿这个美好的日子去换一张百元钞票。"

### ■至理箴言

真实之中有伟大，伟大之中有真实。　　　——雨果

## ❖ 收获比付出多

巴特勒是一名摄影记者，为了寻找摄影素材，他要搭乘长途汽车在美国的各个城市奔波劳碌。

有一次，当巴特勒到达最后一站西雅图市的时候，他遇见了兰迪·麦克理。当时，他正站在西雅图市中心的人行道上向路人乞讨，面带微笑，双手前伸。

兰迪大约有六七十岁，而他那灰白零乱的披肩长发让他看起来似乎超过了100岁，而且那些凌乱的长发间还夹杂着在纸窝棚里睡

觉而沾带的杂草，他的衣服满是污垢，他浑身还散发着酒精和尿臊的气味。他每天坚持站在那里，而来来往往的人从他身边经过，要么没意识到他的存在，要么干脆躲避着他。可是他的笑容依然真诚而令人愉悦。

巴特勒觉得兰迪是一个很好的拍摄对象，于是就和他商量，每天付给他一些钱，让他允许自己以他为对象拍摄一组照片。兰迪很痛快地答应了。

在那之后的3天里，巴特勒都躲在隐秘的暗处，不让兰迪发现，然后拍摄着他每天的生活。兰迪依然和以前一样，每天站在那条熙熙攘攘的街口，面带微笑地伸出手向人们讨钱。

第二天下午，一个六七岁、穿着整洁合体的衣服、头上梳着小辫子的小女孩走近兰迪，在后面轻轻拽了下兰迪的衣角。兰迪转过身，小姑娘伸出手，将一个东西放到兰迪的手心里。当兰迪看见手中东西的一瞬间，他喜笑颜开。只见他马上伸手从口袋中掏出东西又放进小姑娘的手心里，小姑娘兴奋不已，欢快地向不远处一直看着自己的父母身边跑去。

这时的巴特勒很想立刻从隐蔽的地方跳出来，问问兰迪和小女孩到底交换了什么，但为了保持照片的客观性，他忍住了。好不容易挨到一天结束的时候，巴特勒马上向兰迪提起了困扰了他一整天的问题。

兰迪听到这个问题笑了笑，说："很简单，其实就是一枚硬币。她走过来给了我一枚硬币，而我送给她两枚硬币。"兰迪看着巴特勒不解的表情，接着解释道，"因为我想教会她：如果你慷慨大方，你所收到的总会比你付出的多。"

**至理箴言**

更需要的是给予，不是接受；因为爱是一个流浪者，他能使他的花朵在道旁的泥土里蓬勃焕发，却不容易叫它们在会客室中的水晶瓶里尽情开放。

——泰戈尔

## ◆ 真诚的称赞

真诚的称赞是洛克菲勒待人的成功秘诀。当他的合伙人艾德华·贝佛因处置失当，在南美做错一宗买卖，使公司损失100万美元的时候，洛克菲勒原本可对他大加指责一番，但他知道贝佛已尽力了——何况事情已经发生了。因此洛克菲勒就找些可称赞的话题，他恭贺贝佛保全了他所投资金额的60%。"棒极啦，"洛克菲勒说，"我们没法每次都这么幸运。"

学会称赞别人，也是在善待自己。

有一次，维克在一家邮局排队寄一封挂号信。他发现那位办理挂号信的职员，对自己的工作很不耐烦——称信件、卖邮票、找零钱、发收据，年复一年重复同样工作。因此维克对自己说："我要使这位仁兄喜欢我。显然，要使他喜欢我，我必须说一些好听的话，不是关于我自己，而是关于他。"所以维克就问自己："他真有什么值得我欣赏的吗？"有时候这是个容易回答的问题，尤其是当对方是陌生人的时候。但这一次碰巧是个容易回答的问题，维克立即就看到了他值得欣赏的一点。

因此，当他在称维克的信件的时候，维克很热情地说："我真希望有你这种头发。"他抬起头，有点惊讶，面孔露出微笑。

"嗯，不像以前那么好看了！"他谦虚地说。维克对他说，虽然他的头发失去了一点原有的光泽，但仍然很好看。他高兴极了，他们愉快地谈了起来，而他谈的最后一句话是："相当多的人称赞过我的头发。"

维克曾公开说过这段经历。事后有人问他："你想从他那儿得到什么呢？"

维克想从他那儿得到什么？维克又能从他那儿得到什么？

如果我们总是如此自私，想从别人那儿得到什么回报的话，我就不会给予别人一点快乐、一句真诚的赞扬——如果我们的气度如此狭小，我们也不会得到好的回报。

### 至理箴言

称赞不但对人的感情，而且对人的理智也起着巨大的作用。

——列夫·托尔斯泰

## 每天多做一点

对艾伦一生影响深远的一次职务提升是由一件小事情引起的。一个星期六的下午，一位律师——他的办公室与艾伦的同在一层楼——走进来问他，哪儿能找到一位速记员来帮忙，手头有些工作必须当天完成。

艾伦告诉他，公司所有速记员都去观看球赛了，如果他晚来5分钟，自己也会走。但艾伦同时表示自己愿意留下来帮助他，因为"球赛随时都可以看，但是工作必须在当天完成"。

做完工作后，律师问艾伦应该付他多少钱。艾伦开玩笑地回答："哦，既然是你的工作，大约1000美元吧。如果是别人的工作，我是不会收取任何费用的。"律师笑了笑，向艾伦表示谢意。

艾伦的回答不过是一个玩笑，并没有真正想得到1000美元。但出乎艾伦意料，那位律师竟然真的这样做了。6个月之后，在艾伦已将此事忘到了九霄云外时，律师却找到了艾伦，交给他1000美元，并且邀请艾伦到他的公司工作，薪水比现在高出1000多美元。

艾伦放弃了自己喜欢的球赛，多做了一点事情，最初的动机不过是出于乐于助人的愿望，也不是金钱上的考虑。艾伦并没有义务放弃自己的休息去帮助他人，但他的这种放弃不仅为自己增加了1000美元的现金收入、为自己带来更高收入的职务，也改变了他人生的轨迹。

### ▌至理箴言

　　宁要好梨一个，不要烂梨一筐。积极肯干和忠心耿耿的人即使只有两三个，也比十个死气沉沉的人强。　　　　——列宁

## ◆ 真正的施与

　　"今天，我一定要断然拒绝他们的要求。"出门之前，老妇人这么想。

　　这一天，下着很大的雨，她在这样的天气却不顾一切地跑出来，目的是想赶快为眼下这件事画个休止符。

　　老妇人平时以慈善闻名。她不时捐东西给遭到天灾人祸的人，也买了很多衣料送给本市的贫民。可是，这一次的事性质大不相同，她无法像平时那样爽口答应。虽然可以帮助许多贫苦无依的孤儿，但要她捐出祖传的土地来建造孤儿院，她确实无法同意。她对世世代代传下来的那一片土地，有无限的感情。何况，她已年迈，此后的生活，主要的收入来源，就靠那块土地。这是跟她此后的生活有直接关系的事。说得重一点，她若失去这一块土地，她的生活马上就要受到影响。

　　"不管对方如何恳求，也不能起一丁点同情心，否则……"想着，想着，老妇人的脚步也越来越快了。

雨越来越大，风也吹得更起劲了。不多久，她到了目的地——一家慈善机构古色苍然的房子门口。她推开大门，走进去。由于是雨天，走廊上到处湿湿的。她在门口寻找拖鞋来穿。

"请进"，随着明朗的声音，一位女办事员出现在她眼前。那位女办事员看到没有拖鞋了，立刻毫不考虑地脱下她自己的拖鞋给老妇人穿。

"真抱歉，所有的拖鞋都被穿走了。"那位小姐真诚地向她赔着不是。老妇人看到，那位小姐的袜子在踏上地板的一刹那就被濡湿了。

老妇人看着她，心里涌起一股莫明的感动。就在那一瞬间，她才感悟了"施与"的真正的意义。

她想："平时，我被大家称为慈善家，可是，我做的慈善行为，到底是些什么？我捐出来的，全是自己不再使用的旧东西，再不就是多余的零用钱罢了。那与其说是'施与'，不如说是'施惠'更确切。所谓的'施与'，应该是拿出对自己来说是最重要的东西，那才有莫大的价值呀！"

老妇人的内心突然起了180度的大改变——她决心捐出那块祖传的土地给这个慈善机构，为可怜的孩子们建立设备完善的孤儿院。

老妇人对那位女办事员说："好温暖的拖鞋。"

女办事员红了脸，不好意思地说："对不起，我一直穿着，所以……"

老妇人连忙打断她的话："不，不，我没有怪你的意思，我是说，你的心，令人感到温暖。"

老妇人向她投以亲切的微笑，然后，朝着慈善部办公室疾步走去。

■ 至理箴言

每件事都应站到对方的立场上想一想，这是达到谅解的最有效方法。

——甘地

## ◆ 那时候要记得我

拜伦生活在美国中西部的一个小镇上，自他从所在的工厂倒闭后，他就再没有找到过固定工作，但他还是没有放弃希望。他熟悉的朋友大多数已经离开了这个小镇。朋友们有自己的梦想要实现，有自己的家庭要抚养，但是他还是选择留在了故乡。这是他出生的地方，这里有着他的童年和梦想，还有他那已经入了土的父母留给他的"家"。

一天傍晚，他在单行道的乡村公路上孤独地驾着车回家。外面空气寒冷，暮气开始笼罩四野，在这种地方，除了外迁的人们，没人会在这路上驾驶。

他的老爷车的车灯坏了，但是他不用担心，他能认路。周围的一切都是那么的熟悉，他可以闭着眼睛告诉你什么是什么，哪里是哪里。天开始变黑，雪花越落越厚。他告诉自己得加快回家的脚步了。

慌忙中，他差一点没有注意到那位困在路边的老太太。外面已经很黑了，这么偏远的地方，老太太要求援是很难的。我来帮她吧，他一边想着，一边把老爷车开到老太太的奔驰轿车前停了下来。尽管他朝老太太报以微笑，可是他看得出老太太非常紧张。他能读懂这位站在寒风中瑟瑟发抖的老太太的心思。

她在想：会不会遇上强盗了？这人看上去穷困潦倒，像饿狼一样。

拜伦对她说："我是来帮你的，老妈妈。你先坐到车子里去，里面暖和一点。别担心，我叫拜伦。"

老太太的轮胎爆了，换上备用胎就可以。但这对老太太来说，并不是件容易的事情。拜伦钻到车底，察看底盘哪个部位可以撑千斤顶把车顶起来，他爬进爬出的时候，不小心将自己的膝盖擦破了。等轮胎换好后，他的衣服脏了，手也酸了。就在他将最后几颗螺丝上好的时候，老太太将车窗摇下，开始和他讲话。她告诉他，她是从大城市来的，从这里经过，非常感谢他能停下车来帮她的忙。拜伦一边听着，一边将坏轮胎以及修车工具放回老太太的后备箱，然后关上，脸上一直挂着微笑。老太太问该付他多少钱，还说他要多少钱她不在乎。

因为她能想象得出如果拜伦没有停下来帮她的话，在这种地方和这个时候，什么事情都可能发生。

拜伦没有想过帮这老太太忙是要向她要钱。他从来没有把帮助人当作一份工作来做。别人有难应该去帮忙，过去他是这样做的，现在他也不想改变这种做人的原则。他告诉老太太，如果她真的想报答他的话，那么下次她看见别人需要帮助的时候就去帮助别人。他补充说："那时候你要记得我。"

他看着她的车子走远。他的这一天其实并不如意，但是现在他帮助了一个需要帮助的人，他一路开车回家的心情非常好。

老太太在车子开出了将近一英里的地方，看到路边有一个小咖啡馆，就停下车进去了。她想，还得开一段路才能到家，不如先吃一点东西，暖暖身子。

这是一家很旧的咖啡馆，室内很暗，收银机就像老掉牙的电话机一样没什么用处。女招待走过来给她送来菜单，老太太觉得这位招待的笑容让她感到很舒服。她挺着大肚子，看起来最起码有8个月的身孕了，可是一天的劳累并没有让她失去待客的热情。老太太心想，是什么原因让这位怀孕的女人必须工作，而又是什么原因让她仍如此热情地招待客人呢？她想起了拜伦。

女招待将老太太的100元现钞拿去结账，老太太却悄悄地离开了咖啡馆。当女招待将零钱送还给老太太时，发现位置已经空了，正想着老太太跑到哪里去的时候，她注意到老太太的餐巾纸上写着字，在餐巾纸下，她发现另外还压着300块钱。

餐巾纸上是这样写着的："这钱是我的礼物。你不欠我什么，我经历过你现在的处境,有人曾经像我帮助你一样帮助过我。如果你想报答我,就不要失去你的爱心。"

女招待读着餐巾纸上的话,眼泪夺眶而出。

那天晚上,她回到家里,躺在床上翻来覆去地睡不着,她想着那老太太留下的纸条和钱。那老太太怎么知道她和她丈夫正在为钱犯愁呢?下个月孩子就要生了,费用却还完全没有着落,她和丈夫一直都在为此担心。现在好了,老太太留下的钱真是雪中送炭。

看着身边熟睡的丈夫,她知道他也在为钱犯愁。她侧过身去给他轻轻的一吻,温柔地说:"一切都会好的,拜伦,我爱你。"

### 至理箴言

你要记住,永远要愉快地多给别人,少从别人那里拿取。

——高尔基

## ◆ 他使我变成天使

七年级的一个夏天,卡尔到本镇的医院里当护士的志愿小助手。

每个星期卡尔要在医院里服务 30~40 个小时,他大多数时间都陪在吉拉斯佩先生身边。和他在一起的时间长了,才知道他从来没有人来探望,似乎没有人关心他的病情。在卡尔陪伴他的时候,一边握着他的手,一边对他说话,然后帮他做一些必须要做的事情。因为吉拉斯佩先生当时正处在昏迷之中,他对卡尔的回应只是偶尔捏捏卡尔的手。

志愿时间结束了,卡尔就离开了医院,和父母去度假了,一周后,当卡尔回医院看望吉拉斯佩先生的时候,他已经不在医院里了。卡尔没有问别人他去哪里了,因为他害怕听到吉拉斯佩已经去世的消息。

几年后，卡尔上了中学。一天，他无意中在加油站看见了一张熟悉的面孔，那是……卡尔泪如泉涌。他还活着！卡尔鼓起勇气去问他是不是吉拉斯佩先生，并问他在5年前是不是曾经昏迷过。他感到非常惊讶，回答道："是的。"于是卡尔向他解释自己是怎么认识他的，以及曾经在医院里长时间地对着他说话。

讲完后，吉拉斯佩先生的眼里顿时涌出泪水，并且给了卡尔一个最温暖的拥抱。他告诉卡尔，当他在医院中昏迷的时候，能够听到卡尔在对他说话，能够感觉到卡尔一直握着他的手。他一直认为陪伴他的是一位天使，而不是一个平凡的人，吉拉斯佩先生坚定地认为是卡尔的声音和触摸才使他奇迹般地活了下来。接着，他告诉了卡尔一些有关他的生活方面的事情。两个人都哭了，然后互相拥抱着说了声再见，分开了。

后来，两个人再也没有见过面，卡尔毕业后说："他一直在我心里，每当想到他，我的心中就充满了喜悦。我知道是我使他的生命在生与死之间创造了奇迹，而更为重要的是，他使我的生活发生了巨大的变化。我永远不会忘记他，是他使我成为了一位天使！"

■ **至理箴言**

　　精神健康的人，总是努力地工作及爱人，只要能做到这两件事，其他的事就没有什么困难。
　　　　　　　　　　　　　　　　　　　　——弗洛伊德

## ◆ 最好的圣诞礼物

杰森小时候双亲就都去世了，他变成了孤儿，在孤儿院长大。9岁的时候他进了伦敦附近的一家孤儿院，这儿与其说是孤儿院，不如说是监狱。白天，这里的孩子必须工作14个小时，有时在花园、有时在厨房、有时在田地里。日复一日，生活中没有任何调剂，一年只有一个休息日，就是圣诞节。这一天，每个人可以分到一个甜橘，欢庆基督的降世。除此之外没有香甜的食物也没有玩具。然而，就是这个仅有的甜橘，也只有在这一整年都没有犯错、而且乖顺的孩子才能得到。于是，圣诞节的甜橘便是每个孩子整年的盼望。

又一个圣诞节来临了，而这个圣诞节对杰森而言却是世界末日。当其他孩子列队从院长面前走过，接到自己的甜橘时，杰森只能站在房间的一角看着，这就是当年夏天杰森要从孤儿院逃走而受到的处罚。分送完礼物，孩子们可以到院里玩，而杰森必须回房间睡觉，而且还要整天都躺在床上。

在杰森的心里，感到悲哀而且无比羞愧，他吞声饮泣，觉得活着毫无意义！过了一会儿，他听到房间里有脚步声。一只手拉开了他的被子，杰森从被子里伸出头，看见什么名叫戴维的小男孩站在他的床前，右手递过来一个甜橘。杰森不明白怎么回事，难道是多出来一个甜橘？

杰森看看戴维，再看看甜橘，觉得其中一定有什么特别的情况。突然杰森看见，这甜橘已经去了皮，当他再凑前看时，便一切都明白了。杰森的眼睛盈满泪水。当他伸出手去接这甜橘时，才发现如果自己不好好捏紧，这甜橘就会一瓣瓣散落。这到底是怎么一回事？

原来，有10个孩子在院子里商量决定，要让杰森也能有一个甜橘过圣诞节。就这样，每个人剥下他们橘子中的一瓣，再小心地组合成一个新的、圆的、完整的甜橘。

这个甜橘是杰森一生中得到的最好的圣诞礼物，这让他领会到了真诚的友情。

■ 至理箴言

　　友情在我过去的生活里就像一盏明灯，照彻了我的灵魂，使我的生存有了一点点光彩。　　　　　　——巴金

## ◆ 侍者的房间

一天夜里，已经很晚了，一对年老的夫妻走进一家旅馆，他们想要一个房间。前台侍者回答说："对不起，我们旅馆已经客满了，一间空房也没有剩下。"看着这对老人疲惫的神情，侍者又说："但是，让我来想想办法……"

好心的侍者将这对老人领到一个房间，说："也许它不是最好的，但现在我只能做到这些了。"老人见眼前是一间整洁又干净的屋子，就愉快地住了下来。

第二天，当他们来到前台结账时，侍者却对他们说："不用了，因为我只不过是把自己的屋子借给你们住了一晚——祝你们旅途愉快！"

原来侍者自己一晚没睡，他就在前台值了一个通宵的夜班。

两位老人非常感动。老人说："孩子，你是我见过的最好的旅店经营人。你会得到回报的。"

侍者笑了笑，说："这算不了什么。"他送老人出了门，转身接着忙自己的事，把这件事情忘了个一干二净。

一天，侍者接到了一封信函，里面有一张去纽约的单程机票并有简短附言，聘请他去做另一份工作。他乘飞机来到纽约，按信中所标明的路线来到一个地方，抬头一看，一座金碧辉煌的大酒店耸立在他的眼前。

原来，几个月前的那个深夜，他接待的是一个有着亿万资产的富翁和他的妻子。富翁为这个侍者买下了一座大酒店，深信他会经营管理好这个大酒店。这就是全球赫赫有名的希尔顿饭店首任经理的传奇故事。

### 至理箴言

只要你有一件合理的事去做，你的生活就会显得特别美好。

——爱因斯坦

## ❖ 教授的课

有一位医生到母校去进修，上课的正是以前教过他的一位教授。教授没有认出他来，他的学生太多了，何况毕业已整整10年了。

第一堂课，教授用了半堂课的时间，给学生们讲了一个故事。可是，这个故事医生当年就听过：有个小男孩患了一种病，医了很多地方，也不见效，为医病花掉了家里所有的积蓄。后来听说有个郎中能治这种病，母亲便背着男孩前往。

可是这个郎中的药钱很贵，母亲只得上山砍柴卖钱为孩子治病。一包草药煎了又煎，一直到味淡了才扔掉。

可是，小男孩发现，药渣全部倒在路口上，被许多人踏着。小男孩问母亲，为什么把药渣倒在路上？母亲小声告诉他："别人踩了你的药渣，就把病气带走了。"

小男孩说，这怎么可以呢？我宁愿自己生病，也不能让别人也生病。后来小男孩再没见到过母亲把药渣倒在路上。那些药渣全倒在后门的小路上。那条小路只有母亲上山砍柴才会经过。

医生觉得教授真是古板，都10年了，怎么又把故事拿出来讲呢？医生觉得索然无味。教授的课在故事中结束，给学生留了几道思考题。思考题很简单，要求学生当堂课完成。前面的题大家答得很顺利，可是，同学们被最后一道题难住了，这道题是这样的："你们单位里每天清早打扫卫生的清洁工叫什么名字？"同学们以为教授是在开玩笑，都没有回答。

那位医生也觉得好笑，都10年了，还出这样的题，教授的课怎么一成不变呢？10年前就出过这样的题目。

教授看了学生的答题，表情很严肃。他在黑板上写了一行字："在我们的生命当中，每个人都是重要的，都值得关心，并请关爱他们。"教授说，现在我要表扬一位同学，只有他回答出来了。

这个人就是那位医生。医生这时才猛然发现，自己在平时工作中常会下意识地去记清洁工的名字。他工作的医院有1000多人，他竟然记得每位清洁工的名字。因为，这道题10年就曾难倒过他。没想到当年的一堂课会影响他这么多年。

### ▌至理箴言

蜜蜂从花中啜蜜，离开时不停地道谢。浮夸的蝴蝶却相信花是应该向他道谢的。
——泰戈尔

## ❖ 一句问候

曾经有一位犹太传教士每天早晨总是按时到一条乡间小路上散步。无论见到任何人，总是热情地打一声招呼："早安。"

开始的时候，有一个叫米勒的年轻农民，对传教士这声问候很冷漠。其实在当时，当地的居民对传教士和犹太人的态度是很不友好的。然而，年轻人的冷漠，未曾改变传教士的热情，每天早上，传教士还是会给这个一脸冷漠的年轻人道一声早安。终于有一天，这个年轻人脱下帽子，也向传教士道一声："早安。"

几年过去了，纳粹党上台执政。

这一天，传教士与村中所有的人，被纳粹党抓起来，送往集中营。在火车列队前行的时候，有一个手拿指挥棒的指挥官，在前面挥动着棒子，叫道：

"左，右。"被指向左边的是死路一条，被指向右边的则还有生还的机会。

传教士的名字被这位指挥官点到了，他浑身颤抖，走上前去。当他无望地抬起头来，眼睛一下子和指挥官的眼睛相遇了。

传教士习惯地脱口而出："早安，米勒先生。"

米勒先生虽然没有过多的表情变化，但仍禁不住还了一句问候："早安！"声音低得只有他们两人才能听到。最后的结果是：传教士被指向了右边。

其实人是很容易被感动的，而感动一个人靠的未必都是慷慨的施舍或巨大的投入。往往一个热情的问候或是一个温暖的微笑，也足以在人的心灵中洒下一片阳光。

■ 至理箴言

要想得到别人的友谊，自己就得先向别人表示友好。

——爱默生

## ◆ 名贵之花衰落的秘密

一个精明的荷兰花草商人，千里迢迢地从遥远的非洲引进了一种名贵的花卉，培育在自己的花圃里，准备到时候卖上个好价钱。这种名贵的花卉，商人对它爱护备至，许多亲朋好友向他索要，一向慷慨大方的他却连一粒种子也不给。他计划培育3年，等拥有上万株后再开始出售和馈赠他的花种。

第一年的春天，他的花开了，花圃里万紫千红，那种名贵的花开得尤其漂亮,就像缕缕明媚的阳光。第二年的春天,他的这种名贵的花已培育出了五六千株,但他和朋友们发现,今年的花没有去年开得好,花朵略小不说,还有一点点的杂色。到了第三年的春天,他的名贵的花已经繁育出了上万株,令这位商人沮丧的是,那些名花的花朵变得更小了,花色也差多了,完全没有了它在非洲时的那种雍容和高贵。当然,他也没能靠这些花赚上一大笔。

难道这些花退化了吗?可非洲人年年种植这种花,大面积、年复一年地种植,并没有见过这种花会退化呀。百思不得其解,他便去请教一位植物学家。植物学家拄着拐杖来到他的花圃看了看,问他:"你这花圃的隔壁是什么?"

他说:"隔壁是别人的花圃。"

植物学家又问他:"他们种植的也是这种花吗?"

他摇摇头说:"这种花在全荷兰,甚至整个欧洲也只有我一个人有,他们的花圃里都是些郁金香、玫瑰、金盏菊之类的普通花卉。"

植物学家沉吟了半天说:"我知道你这名贵之花不再名贵的致命秘密了。"植物学家接着说:"尽管你的花圃里种满了这种名贵之花,但你邻居的花圃却种着其他花卉,你的花被传授了花粉后,又染上了其他品种的花粉,所以你的名贵之花一年不如一年了。"

商人问植物学家该怎么办,植物学家说:"谁能阻挡风传授花粉呢?要想使你的名贵之花不失本色,只有一种办法,那就是让你邻居的花圃里也都种上这种花。"

于是商人把自己的花种分给了自己的邻居。次年春天花开的时候,商人和邻居的花圃几乎成了这种名贵之花的海洋——花朵又肥又大,美丽异常。这些花一上市,便被抢购一空,商人和他的邻居都发了大财。

### ■ 至理箴言

我们必须与其他生命共同分享我们的地球。——雷切尔·卡森

## 第六枚戒指

我 17 岁那年，好不容易找到一份临时的工作。母亲喜忧参半：家里有了指望，但又为我的粗心而担心。

这份工作对我们太重要了。我中学毕业后，正赶上大萧条，一个差事会有几十、上百的失业者争夺。多亏母亲为我的面试赶做了一身整洁的海军蓝，才得以被一家珠宝行录用。

在商店的一楼，我干得挺愉快。第一周，受到领班的称赞。第二周，我被破例调往楼上。

楼上珠宝部是商场的心脏，专营珍宝和高级饰物。整层楼排列着气派很大的展品橱窗，还有两个专供客人选购珠宝的小屋。我的职责是管理商品，并在经理室外帮忙转接电话。我要热情服务，还要谨慎防盗。

圣诞节临近，工作日趋紧张、兴奋，我也忧虑起来。营业旺季过后我就得走，回复往昔可怕的奔波日子。然而幸运之神却来临了。一天下午，我听到经理对总管说："那个小管理员很不赖，我挺喜欢她那个快活劲。"

我竖起耳朵听到总管回答："是，这姑娘挺不错，我正有留下她的意思。"

这让我回家时蹦跳了一路。

第二天，我冒雨赶到店里。距圣诞节只剩下一周时间，全店人员都绷紧了神经。

我整理戒指时，瞥见那边柜台前站着一个男人，高个头，白皮肤，约 30 岁。但他脸上的表情吓我一跳，他几乎就是这不幸年代的贫民缩影。一脸的悲伤、愤怒、惶惑，有如陷入了他人置下的陷阱。

剪裁得体的法兰绒服装已是褴褛不堪，诉说着主人的遭遇。他用绝望的眼神，盯着那些宝石。我心中因为同情而涌起一股悲伤。但我还牵挂着其他事，很快就把他忘了。

小屋打来提货的电话，我进橱窗最里边取珠宝。当我急急地挪出来时，衣袖碰落了一个碟子，6枚精美绝伦的钻石戒指滚落到地上。

总管先生匆匆地赶来，但没有发火。他知道我这一天是在怎样干的，只是说："快捡起来，放回碟子。"

我弯着腰，几欲泪下地说："先生，小屋还有顾客等着呢。"

"我去那边，孩子。你快捡起这些戒指！"

我用近乎狂乱的速度捡回5枚戒指，但怎么也找不到第六枚。我寻思它是滚落到橱窗的夹缝里，就跑过去细细搜寻。没有！我突然瞥见那个高个男子正向出口走去。顿时，我领悟到戒指在哪儿了。碟子打翻的一瞬，他正在场！

当他的手就要触及门柄时，我叫道："对不起，先生。"

他转过身来。漫长的一分钟里，我们无言对视。我祈祷着，不管怎样，让我挽回我在商店里的未来吧。跌落戒指是很糟，但终会被忘却；要是丢掉一枚，那简直不敢想象！而此刻，我若表现得急躁——即便我判断正确——也终会使我所有美好的希望化为泡影。

"什么事？"他问。他的脸肌在抽搐。

我确信我的命运掌握在他手里。我能感觉得出他进店不是想偷什么。他也许想得到片刻温暖和感受一下美好的时光。我深知什么是苦寻工作而又一无所获。我能想象得出这个可怜人是以怎样的心情看这社会：一些人在购买奢侈品，而他一家老小却食不果腹。

"什么事？"他再次问道。猛地，我知道该怎样作答了。母亲说过，大多数人都是心地善良的。我不认为这个男人会伤害我。我望望窗外，此时大雾弥漫。

"这是我的第一份工作。现在找个事儿做很难，是不是？"我说。

他长久地审视着我，渐渐，一丝十分柔和的微笑浮现在他脸上。

"是的，的确如此。"他回答，"但我能肯定，你在这里会干得不错。我可以为你祝福吗？"

他伸出手与我相握。我低声地说："也祝您好运。"他推开店门，消失在浓雾里。

我慢慢转过身，将手中的第六枚戒指放回了原处。（安·佩普）

### ■ 至理箴言

善良，是一种世界通用的语言，它可以使盲人看到，聋子听到。

——马克·吐温

## ❖ 星期一早晨的奇迹

我登上南去的151号公共汽车时，艳阳高照，晴空万里。但是，冬天的芝加哥正处于最没生气的季节——树枝枯干，稀泥满地，来往的车辆都溅满了泥水。车子行了数英里，经过风景秀丽的林肯公园，但是，没有人抬头去看窗外；乘客们穿着笨重如牛，都拥挤地坐在一起，在单调乏味的引擎声和窒息燥热的空气中无声静坐着。

没有人说话——这是芝加哥人坐车来往时一条不成文的规矩。尽管我们每天都要碰见这些同样的面孔，但我们都习惯于把自己藏在报纸的背后。此举包含的象征意义令人吃惊：紧挨而坐的比邻硬用那一张张薄纸，在彼此间制造了天涯。

汽车进入"繁华一英里"地区，五光十色的摩天楼群沿密执安大街拔地而起，突然。一个声音打破了沉静："注意啦！注意啦！"

报纸哗哗响着，大家都伸长了脖子。

"这是你们的司机在说话。"

沉默。大家都看着司机的后脑勺，他的声音充满了威严："放下你们的报纸,各位乘客。"所有的报纸都在慢慢地放下,司机在等待着。最后,报纸都被折好了,搁在我们腿上。

"好,转过身去面对你的邻座,开始。"

惊奇之中,我们都照着做了。仍然,没有人笑。我们只是盲目地服从,这是人的本能起着作用。

我面对的是一位老妇人,她的头紧紧地裹在一块红头巾里,我几乎每天都见到她。我俩目光碰到了一起,我们都一眼不眨地等待着,等待司机的下一道指令。

"现在,跟着我说……"这是一道命令,一道以一个军事操练官的语气发布的命令:"早上好,邻座!"

我们的声音都很轻微,有点腼腆。对我们很多人来说,这是今天所说的第一句话。然而,像中学生那样,我们是整齐一致地对邻座的陌生人说了这句话。我们都为自己笑了起来,都不由自主地笑了。这当中有一时的轻松,因为我们没有遭到绑架或者抢劫。然而更多的是,我们为自己表露了一种长期受抑的寻常的礼貌之情而感到朦胧的宽慰。

我们已经说出这句话,路障已经清除了。

"早上好,邻座!"其实,这并不太难。我们有些人重复着它,其他人在握着手,很多人则笑着。汽车司机没有再说什么。他已不用多说,没有人重新拿起报纸,车内洋溢着欢声笑语。从对这位发了疯的司机点头赞许开始,我们起步了。这位司机引出了全新的坐车故事。

我听到了欢笑,一种在151号车上未听到过的温暖悦耳的欢笑。到站了,我对邻座说了再见,然后跳下了车。另有4辆公共汽车在同站停车和下客。我看到那些留在车内的乘客都如同一尊尊雕像——木然不动、毫无声息。只有我那辆车上的人们除外。151号车启动了,我微笑着目送那一张张生气勃勃的面孔。这一天的开始,真是好得不能再好了!

我回头看那位司机,他正紧盯着反光镜,在滚滚车流中探寻前进的道路。他似乎根本不知道,他刚创造了一个星期一早晨的奇迹。
(帕特·维格安)

### ▎至理箴言

我们不应该不惜任何代价地去保持友谊,从而使它受到玷污。如果为了那更伟大的爱,必须牺牲友谊,那也是没有办法的事;不过如果能够保持下去,那么,它就能真的达到完美的境界了。
——泰戈尔

## ❖ 能给予就不贫穷

教师节那天,一大群孩子争着给他送来了鲜花、卡片、千纸鹤……一张张小脸洋溢着快乐,好像过节的不是老师倒是他们。

一张用硬纸做成的礼物很特别,硬纸上画着一双鞋,看得出纸是自己剪的——周边很粗糙;图是自己画的——图形很不规则;颜色是自己涂的——花花绿绿的。

老师能穿这么花的鞋吗?

上面歪歪扭扭地写着:"老师,这双皮鞋送给你穿"。从署名看像是一个女孩。这个班级他刚接手,一切都还不是很熟,从开学到教师节,也就是10天。

他把"鞋"认真地收起来,"礼轻情义重"啊!

节日很快就过去了。一天他在批改作文的时候,看到了这个女孩写的一段话:"别人都穿着皮鞋,老师穿的是布鞋,老师肯定很穷。我做了一双很漂亮的鞋子给他,不过那鞋不能穿,是画在纸上的,我希望将来老师能穿上真正的皮鞋。我没有钱,我有钱了一定会买一双真皮鞋给老师穿的。"

这是一个不足 10 岁的小姑娘的心愿，他的心为之一动。但是，她怎么知道穿布鞋是穷人的标志？

他想问问她。

这是一个很明净的女孩子，一双眼睛清澈得没有任何杂质。当她站到他面前的时候，他似乎找到了答案。

他看见了她正穿着一双方口布鞋，鞋的周边开了花，这双布鞋显然与他脚上的这双布鞋不一样。

于是有了下面的问话：

"爸爸在哪里上班？"

"爸爸在家，下岗了。"

"妈妈呢？"

"不知道……走了。"

他再一次看了看她脚上的布鞋，那一双开了花的布鞋。他从抽屉里拿出那双"鞋"来。这时他才感受到这双鞋的分量。

她问："老师，你家里也穷吗？"

他说："老师家里不穷，你家里也不穷。"

"同学们都说我家里穷。"她说。

他说："你家里不穷，你很富有，你知道关心别人，送了那么好的礼物给老师。老师很高兴，你高兴吗？"

她笑了。

"能和老师穿一样的鞋子，高兴吗？"

她用力地点了点头。

他带着她来到教室，问大家知不知道老师为什么穿布鞋。有的同学说，好看，因为自己爱漂亮的妈妈花很多钱买布鞋穿。有的说，透气，因为自己怕焐脚的奶奶也穿布鞋。有的同学说健身，因为自己的爷爷打拳的时候都穿布鞋。很奇怪没有人说他穷。

他说："穿布鞋是一种风格，透气、舒适、有益健康。"

他告诉同学们，脚上穿着布鞋，心里却装着别人，是最让老师感到幸福的！只有富有的人才能给予别人幸福，能给予就不贫穷。

她脸上的笑容很美。

■ 至理箴言

得到他人的关爱是一种幸福，关爱他人更是一种幸福。

——佚名

## 盖达尔的偷技

在莫斯科的一处电车站，一位手捧着好几本书的小伙子上了一辆电车。他在口袋里掏了好久也没掏出买车票的钱，只好难为情地看着售票员。接着他又继续掏口袋，终于找出一枚硬币微笑着递给售票员。

在电车的乘客中间站着一位头戴灰色鸭舌帽的人和一位穿军大衣的人。突然，戴灰色鸭舌帽的人抓住了穿军大衣的人——因为他看见穿军大衣的人悄悄地将手伸进了拿着书的小伙子的口袋。

电车停了下来，人们激动地喊叫着。穿军大衣的人试图想说点儿什么，但谁也不听他的。这时一位警察走到他们3个人面前，警察要穿军大衣的人出示身份证。

穿军大衣的人从口袋里掏出一本小册子难为情地说："我没带身份证。这是我的作家协会会员证。我叫阿尔卡季·盖达尔。"

"我们可算见识了这种所谓的作家了！"车厢里的乘客讥讽地嚷道，然而那位拿着书的小伙子却默不作声。

"他到底偷了您什么？"警察问小伙子。小伙子脸红着回答道，"我刚考上大学，昨天才来到莫斯科。我口袋里没钱，他没偷我的东西。"

"难道他就真没有偷点儿您的什么别的物品吗？"

于是小伙子又仔细地翻了一下口袋，突然他发现了一张50卢布的纸币，"这不是我的钱。"小伙子腼腆地说。

全车人静了下来。大家都看着作家盖达尔。然而，盖达尔却什么也没有说，他只是看着地上。

■ **至理箴言**

　　人在智慧上应当是明豁的，道德上应该是清白的，身体上应该是清洁的。

——契诃夫

## ◆ 大雨中的帮助

一天夜里十一点半，一个上了年纪的黑人老妇女在阿拉巴马高速公路边忍受着瓢泼大雨的抽打。她的汽车坏在路旁，非常需要有人来帮她。

她已经浑身湿透，但却没有一辆车子停下来，那是充满种族歧视和冲突的年代。后来，终于有一个年轻的白人停下来帮助她，他把她载到安全的地方，帮她联系修车，最后送她上了出租车。她看上去一副非常着急的样子。她记下了年轻人的地址，然后离去。

7天后，年轻人的房门被敲响了。打开门，他惊讶地发现门外是一台大落地电视和立体声组合音响。上面贴着一张小纸条，写着：

"亲爱的詹姆斯先生，非常感谢你那夜在高速公路上伸手相助。那场大雨不仅浇湿了我的衣裳，而且直浇到我的心里，直到你出现。由于你的帮助，我得以在我的丈夫去世前赶到他的身边。你如此热心助人，愿上帝祝福你。"

■ **至理箴言**

　　一切真挚的爱，是建筑在尊敬上面的。

——白金汗

## ❖ 生命的药方

德诺10岁那年因为输血不幸染上了艾滋病,伙伴们全都躲着他,只有大他4岁的艾迪依旧像从前一样跟他玩耍。离德诺家的后院不远,有一条通往大海的小河,河边开满了五颜六色的花朵,艾迪告诉德诺,把这些花草熬成汤,说不定能治他的病。

德诺喝了艾迪煮的汤,身体并不见好转,谁也不知道他还能活多久。艾迪的妈妈再也不让艾迪去找德诺了,她怕一家人都染上这可怕的病毒。但这并不能阻隔两个孩子的友情。一个偶然的机会,艾迪在杂志上看见一则消息,说新奥尔良的费医生找到了能治疗艾滋病的植物,这让他兴奋不已。于是,在一个月明星稀的夜晚,他带着德诺,悄悄地踏上了去新奥尔良的路。

他们是沿着那条小河出发的。艾迪用木板和轮胎做了一条很结实的船,他们躺在小船上,听着流水哗哗的声响,看着满天闪烁的星星,艾迪告诉德诺,到了新奥尔良,找到费医生,他就可以像别人一样快乐地生活了。

不知漂了多远,船进水了。两人不得不改搭顺路汽车。为了省钱,他们晚上就睡在随身带的帐篷里。德诺咳得很厉害,从家带的药也快吃完了。这天夜里,德诺冷得直发颤,他用微弱的声音告诉艾迪,他梦见200亿年前的宇宙了,星星的光是那么暗那么黑,他一个人待在那里,找不到回来的路。艾迪把自己的球鞋塞到德诺的手上说:"以后睡觉,就抱着我的球鞋,想想艾迪的臭鞋还在你手上,艾迪肯定就在附近。"

孩子们身上的钱差不多用完了,可离新奥尔良还有3天3夜的路。德诺的身体越来越弱,艾迪不得不放弃了计划,带着德诺又回到家乡。不久，德诺就住进了医院。艾迪依旧常常去病房看他，两个好朋友在一起时病房便充满了快乐。他们有时还会合伙玩装死游戏吓唬医院的护士，看见护士们上当的样子，两个人都忍不住大笑。艾迪给那家杂志社写了信，希望他们能帮忙找到费医生，结果却杳无音讯。

秋天的一个下午，德诺的妈妈上街去买东西了。艾迪陪着德诺，夕阳照着德诺瘦弱苍白的脸，艾迪问他想不想再玩装死的游戏，德诺点点头。然而这回，德诺却没有在医生为他摸脉时忽然睁眼笑起来，他真的死了。

那天，艾迪陪着德诺的妈妈回家，两人一路无话，直到分手的时候，艾迪才抽泣着说："我很难过，没能为德诺找到治病的药。"

德诺的妈妈泪如泉涌地说："不，艾迪，你找到了。"她紧紧地搂着艾迪，"德诺一生最大的病其实是孤独，而你给了他快乐，给了他友情，他一直为有你这个朋友而满足……"

3天后，德诺静静地躺在地下，双手抱着艾迪穿过的那只球鞋。

### 至理箴言

友谊是培养人的感情的学校。 ——苏霍姆林斯基

## ◆ 播下爱的种子

一位穷苦的学生为了凑足学费，在外面挨家挨户地推销商品。由于他一心一意想凑足学费而不想多花钱，于是他决定硬着头皮向人讨些食物。

他敲了一户人家的门，开门的是一个小女孩，他一看便失去了勇气，心想：天底下哪有大男生跟小女孩讨东西吃的？于是他只要

了一杯开水解渴。

小女孩看得出他非常饥饿，于是拿了一杯开水与几块面包给他。他很快地把食物接过来，狼吞虎咽地吃着，一旁的她看到他这种吃相，不禁偷偷地笑着。

吃完后，他很感激地说："谢谢你，我应该给你多少钱？"

她傻傻地笑着说："不必啦，这些食物我们家很多。"

他觉得自己很幸运，在陌生的地方还能受到他人如此温馨的照料。

多年以后，小女孩患了罕见的疾病，许多医生都束手无策。女孩的家人听说有一个医生的医术高明，找他看看或许有治愈的机会，便赶紧带她去接受治疗。在医生的全力医治和长期的护理下，小女孩终于恢复了往日的健康。

出院那天，护士把医疗费用账单交给她，她几乎没有勇气打开来看，心想自己可能要一辈子辛苦工作，才还得起这笔医疗费。最后她还是打开了，看到签名栏写了以下这段话：

"一杯开水与几块面包，足够偿还所有的医疗费"。

她眼里含着泪水，终于明白，原来主治医生就是当年的那个穷学生。

### ■至理箴言

行善是一种无意识的播种。 ——佚名

## ◆ 少年的鲜花

一个刚来到巴黎不久的阿尔及利亚少年，为了能在这个城市里生活下去，做起了卖鲜花的小生意。可他还没有办理市场准卖证，只能远离闹市，在一些警察较少的街头兜售鲜花。

一天，他推着满满一车鲜花来到一个冷清的街区，还没呆上10分钟，就有两个便衣警察朝他走来。他们来得非常突然，少年有些措手不及，被逮了个正着。按照常规，警察要少年出示准卖证，少年拿不出来，于是其中一个警察抬手掀翻了少年的花车，满车的鲜花撒了一地，灰扑扑的街道一下子充满了艳丽的色彩。

衣衫褴褛的少年呆呆地望着地上的鲜花，流露出伤心和无奈的神情。警察的行为博得了一位女士的赞赏："太好了，先生们，你们就该这么干！都是这些人把我们的城市弄得一团糟。"来来往往的人中只有她一人这么说，其他人都沉默着，心里在同情这位卖花少年。

有一位老妇人静静地看了一会儿，突然，她一声不响地俯身捡起一些鲜花，径直朝少年走去，微笑着向他付了钱，然后，默默地离去。这位老妇人的举动感染了大家，人们三三两两弯腰捡起花，并将钱递给少年。只一会儿工夫，地上的鲜花就一支不剩，全卖完了。

少年意外极了，他还从没遇到过这样好的生意，刹那间，满腹的伤心被突如其来的欢乐荡涤得干干净净。不知不觉间，两个便衣警察也被众人的行为感动了，他们最终放弃了惩罚，临别时，只是叮嘱少年尽快去办一张鲜花准卖证。

### ■ 至理箴言

只有怜悯心和爱心才能揭示人生的奥秘。　　——爱默生

## ◆ 感情投资

哈曼·托勒是美国斯迈尔公司总裁，因为长期承包那些大电器公司的工程，他对这些公司的重要人物常施以小恩小惠。

但哈曼先生的交际方式比别人总是高出一筹：他不仅对公司要人进行感情投资，对一些年轻的职员同样殷勤款待。

哈曼总裁并非无的放矢。事前，他总是想方设法地找到电器公司的每一位员工资料，对他们的学历、人际关系、工作能力和业绩，做一次全面的调查和了解。当认为有些员工可能在公司大有作为，以后会成为该公司的决策人物时，不管他多年轻，都能得到哈曼先生的殷勤款待。

总裁这样做的目的是为日后获得更多的利益做准备。

他明白，十个欠他人情债的人，有九个会给他带来意想不到的收益。他现在做的是亏本生意，但日后会利滚利地收回。

所以，当自己所看中的合作公司里的某位年轻职员晋升为科长时，哈曼会立即跑去庆祝，赠送礼物。同时还邀请他到高级餐馆用餐。年轻的科长往往对他的这种盛情款待倍加感动，心想：我从前从未给过这位老板任何好处，并且现在也没有掌握重大交易决策权，这位老板真是大好人！无形之中，年轻的科长自然产生了感恩图报的想法。

在对方受宠若惊之际，哈曼说："我们企业能有今日，完全是靠贵公司的抬举，因此，我向你这位优秀的职员表示谢意，这也是应该的。"这样说的用意，是不想让这位职员有太大的心理负担。

而有朝一日，这些职员晋升至公司的重要职位时，肯定还记着哈曼的恩惠。事实证明也是如此，在竞争十分激烈的生意场上，许多承包公司倒闭的倒闭，破产的破产，而哈曼的公司却生意兴隆，一个重要原因就是由于他平常注重感情投资。

哈曼慧眼识英雄，懂得有目标地进行感情投资。一次性的感情投资是远远不够的，好关系的建立不是一朝一夕就能做到，必须从一点一滴入手，依靠平日的积累。

■ **至理箴言**

　　自负出于天性，谦逊出于需要。　　——乔治·爱特略

## 朋友的情义

晋代有一个人叫荀巨伯,有一次去探望朋友,正逢朋友卧病在床。这时恰好敌军攻破城池,烧杀掳掠。百姓纷纷携妻带子,四散逃难。朋友劝荀巨伯:"我病得很重,走不动,大概也活不了几天了,你自己赶快逃命去吧!"

荀巨伯却不肯走,他说:"你把我看成什么人了,我远道赶来,就是为了来看你。现在,敌军进城,你又病着,我怎么能扔下你不管呢?"说着便转身给朋友熬药去了。

朋友百般苦求,叫他快走,荀巨伯却端药倒水安慰他说:"你就安心养病吧,不要担心我,天塌下来我替你顶着!"

这时"砰"的一声,门被踢开了,几个凶神恶煞的士兵冲进来,冲着他们喝道:"你是什么人?如此大胆,全城人都跑光了,你还敢待在这里?"

荀巨伯指着躺在床上的朋友说:"我的朋友病得很重,我不能丢下他独自逃命。"并正气凛然地说:"请你们别惊吓了我的朋友,有事找我好了。即使要我替朋友而死,我也绝不皱眉头!"

这几个士兵听了荀巨伯的慷慨言语,看着他的无畏态度,很感动,说:"想不到这人的情操如此高尚,怎么好意思再侵害他们呢?走吧!"说完,他们便离开了。

### 至理箴言

一个人倒霉至少有这么一点好处:可以认清谁是真正的朋友。

——巴尔扎克

## 误 会

在一家餐馆里，一位美丽的小姐要了一碗汤，在餐桌前坐下后，突然想起忘记取面包。

她起身取回面包，又返回餐桌。然而令她惊讶的是，自己的座位上坐着一位男子，正在喝着自己的那碗汤。

"这个无赖，他无权喝我的汤！"美丽的小姐心里非常气愤。"可是，也许他太穷了，太饿了。我还是一声不吭算了，不过，也不能让他一人把汤全喝了。"

于是，美丽的小姐装着若无其事的样子，与男子同桌，面对面地坐下，拿起了汤匙，不声不响地喝起了汤。

就这样，一碗汤被两个人共同喝着，你喝一口，我喝一口。两个人互相看看，都默默无语。

这时，男子突然站起身，端来一大盘面条，放在她面前，面条上插着两把叉子。

两个人继续吃着，吃完后，各自站起身，准备离去。"再见！"美丽的小姐友好地说。"再见！"男子热情地回答。他显得特别愉快，感到非常欣慰。因为，他自认为今天做了一件好事，帮助了一位穷困而又美丽的小姐。男子走后，美丽的小姐这才发现，旁边的一张饭桌上，放着一碗无人喝的汤，正是她自己的那一碗。

■ 至理箴言

应该尊重彼此间的相互帮助，这在社会生活中是必不可少的。

——高尔基

## ❖ 两个苹果

有两个人十分要好，彼此不分你我。一日他们走进了沙漠，干渴威胁着他们的生命。

上帝为了考验他俩的友谊，就对他们说：前面的树上有两个苹果，一大一小，吃了大的就能平安地走出沙漠。

两人听了，就都让对方吃那个大的，坚持自己吃小的。争执到最后，谁也没说服谁，两人都在极度的劳累中迷迷糊糊睡着了。不知过了多长时间，其中一个突然醒来，却发现他的朋友早向前走了。于是，他急忙走到那棵树下，摘下苹果一看，苹果很小很小。他顿时感到朋友欺骗了他，便怀着悲愤与失望的心情向前走去。

突然，他发现朋友在前面昏倒了，他急忙跑过去，小心地将朋友轻轻抱起。这时他惊异地发现：朋友手中紧紧地攥着一个苹果，而那个苹果比他手中的小许多。

他们都经受住了上帝的考验。

### ■至理箴言

友谊永远是一个甜蜜的责任，从来不是一种机会。——纪伯伦

## ❖ 教授的赞美

耶鲁大学的威廉·费尔普斯教授每到旅馆、理发店或商店时，就一定会和遇到的人谈谈话。他要让他们觉得他们是一个人，而不

是一个机器上的螺丝。

有时,他会赞美理发店的女服务生的眼睛或头发。他会问她们理发时站一整天累不累,问她们是怎么进入理发行业的,工作多久啦,帮人理过多少次啦。教授常跟行李搬运工握手,这会令工作了一整天的搬运工精神抖擞。

一个酷热的夏天,教授在火车上的餐车吃午餐。餐车被挤得水泄不通,里面闷热无比,而且服务生的动作又很慢。服务生终于过来把菜单递给了教授,教授说:"在厨房做菜的那些人今天可惨了。"服务生露出惊讶的神色,教授以为他生气了,可服务生却说:"老天啊!客人都在抱怨食物不好,他们埋怨等的时间太长,又嫌这里太热、东西太贵。我听这些抱怨听了19年,你是第一位也是唯一一位对厨师表示过同情的客人。你使我对这个职业充满了信心。"

■ 至理箴言

　　赞扬是一种精明、隐秘和巧妙的奉承,它从不同的方面满足给予赞扬和得到赞扬的人们。　　　　　　——拉罗什夫科

## ◆ 爱心成就未来

弗莱明是一个穷苦的苏格兰农夫,有一天当他在田里工作时,听到附近泥沼里有求救的声音。于是,他放下农具,跑到泥沼边,发现一个小孩掉到了里面,弗莱明赶紧把这个孩子救了出来。

几天后,一辆崭新的马车停在农夫家,走出来一位优雅的绅士,他自我介绍说是被救小孩的父亲。绅士说:"我要报答你,你救了我儿子的生命。"农夫说:"我不能因救了你的小孩而接受报答。"

就在这时,农夫的儿子从屋外走进来,绅士问:"这是你的儿子

吗?"农夫很骄傲地回答:"是。"绅士说:"我们签个协议,让我带走他,并让他接受良好的教育。假如这个小孩像他父亲一样,他将来一定会成为一位令你骄傲的人。"

农夫答应了。后来,农夫的儿子从圣玛利亚医学院毕业,成为举世闻名的弗莱明·亚历山大爵士,也就是青霉素的发明者。他在1944年受封骑士爵位,且得到诺贝尔奖。

数年后,绅士的儿子染上肺炎,是青霉素救活了他的命。

那绅士是上议院议员丘吉尔。他的儿子是英国政治家,二战时期的首相丘吉尔。

### ■至理箴言

一个人的力量是很难应付生活中无边的苦难的,所以自己需要别人的帮助,自己也要帮助别人。 ——茨威格

## ❖ 卖花的小男孩

有一个人在拥挤的车流中驾车缓缓前进,到十字路口时正好赶上红灯,这时,走过来一个衣衫褴褛的小男孩,敲着车窗问他要不要买花,他就拿出10元钱买花。这时绿灯已经亮了,后面的人正猛按喇叭催着,他也很着急,于是很不耐烦地对男孩说:"什么颜色都可以,你只要快一点就好。"

拿到钱的男孩十分有礼貌地说:"谢谢你,先生。"

在开了一小段路后,他有些良心不安,为自己刚才的粗暴无礼感到愧疚。于是,他把车停在路边,回头走向孩子表示歉意,并且又给了男孩10元钱,要他自己买一束花送给喜欢的人。男孩笑了笑,并道谢接受。当他回去发动车子时,发现车子出现了故障,怎

么也发动不了，在一阵忙乱后，他决定步行找吊车帮忙。

这时，一辆吊车已经迎面驶来，他大为惊讶，司机笑着对他说："有一个小男孩给了我20元，要我开过来帮你，并且还写了一张纸条。"他接过纸条打开一看，只见上面写着："这代表一束花"。

### 至理箴言

一切善的终点与顶峰，生命最后的明星都是友爱。

——埃·马卡姆

## ❖ 闪光的礼物

从9岁起我就得挣钱了。于是，我就问米瑟利先生能不能给我一条放学后送报的线路，他是《先驱报》在芝加哥的代理人，住在我们家附近。他说如果我有自行车，他就分一条线路给我。

爸爸替我买了辆旧自行车，可随后他就因肺炎住院，不能教我骑车了，不过米瑟利先生并没有提出要亲眼看我骑自行车，而只是提出看看自行车，所以我就把车推到他的车库去给他看，然后就得到了那份工作。

起初，我把报袋吊在车把上，推着车在人行道上走。可推着一大沓报纸的自行车走，行走更加不便。几天后我就把车留在了家里，开始借用妈妈的购货两轮手推车。

我总是把手推车停在人行道上，遇到两层楼的门廊，第一投没投准，就再投一次。每逢星期天，报纸又多又沉，我依然把每份报纸拿到台阶上，而不是一扔了事。如果下雨，我就把报纸放到玻璃门里面。如果是公寓楼，我就放在大厅的入口处。碰到下雪或下雨，就把爸爸的旧雨衣盖在手推车上面，给报纸挡雨雪。

用手推车送报比用自行车慢，但我不在乎。我每次都会遇到附近的许多人——意大利裔、德国裔或是波兰裔人，他们总是对我很友善。我用 8 个月的时间，把我原来只有 36 个订户的线路增加到 59 户，这些新订户都是老订户介绍的。有时，人们在街上拦住我，要我把他们也添到我的订户单上。

我每送 1 份报挣 1 分钱，星期天每份挣 5 分，每星期四晚上收报钱。由于多数订户每次都要多给我 5 分或 1 角，很快，我得到的小费就比从米瑟利先生那里得到的工钱多了。我把我的大部分工钱都交给了妈妈。

1951 年圣诞节前的那个星期四晚上，我按响了第一个订户家的门铃，里面的灯是亮的，可没人来应门。于是我又来到第二家，还是没人来应门，接下去的几家都是这样。

不一会儿，大部分订户的门铃都被我按过了，可好像哪一家都没人在。

这下我可着急了：每个星期五我都得交报钱。圣诞节快到了，我竟从来没想过他们会出去买东西。

当我沿着人行道走向戈登的房子时，我听到里面有音乐和许多人在说话，我高兴起来。我按响了门铃，门应声而开，戈登先生简直就是把我拖了进去。

他家的客厅里挤满了人——我的 59 家订户几乎全到了！在客厅中央，停放着一辆崭新的名牌自行车。车身是苹果红的，上面还有一盏电动前灯和一个铃铛。车把上挂着一个帆布袋，里面装满了五颜六色的信封。"这辆自行车是大家送给你的。"戈登先生说。

那些信封里装着圣诞卡，还有那一周的订费，大多数还装有慷慨的小费。我惊得目瞪口呆，不知道说什么好。最后，一位妇女叫大家都安静下来，并把我轻轻地领到屋子的中央。"你是我们见过的最好的报童！"她说，"你没有哪一天漏投过或迟到过，没有哪一天的报纸给弄湿过。我们都看见过你在外面冒着雨雪推着那辆购货车，所以大家都认为你应该有辆自行车。"

我所能说的只有"谢谢你们",这句话我说了一遍又一遍。(马文·沃耳夫)

## ■至理箴言

　　一双好腿会倒下去;一丛黑胡子会变白;满头秀发会变秃;一张漂亮的脸蛋会干瘪;一双圆圆的眼睛会先落下去——可是一颗真诚的心哪,是太阳,是月亮——或者还不如说,是太阳,不是那月亮;因为太阳光华灿烂,从没有盈亏的变化,而是始终如一。

——莎士比亚

## 第三辑 尊重

> 不知道他自己的尊严的人，便不能尊重别人的尊严。
> ——席勒

### ◆ 尊重每一个人

一天，一位美国中年女人领着她的儿子，走进了位于纽约曼哈顿的美国著名企业"巨象集团"总部大厦楼下的花园，他们在一张长椅上坐下来。

中年女人很生气地在跟儿子说着什么，离他们不远的地方，一位头发花白的老人正拿着一把大剪刀，修剪花园中的低矮灌木。剪过后的一排灌木都齐胸高，顶部齐刷刷的，就像一道绿色的围墙，漂亮极了。

突然，中年女人从随身的挎包里揪出一团卫生纸，随手抛了出去，正好落在刚剪过的灌木上。一团白花花的卫生纸在青翠碧绿的灌木上显得特别刺眼。老人诧异地转过头，朝中年女人看了一眼，中年女人却满不在乎地也看着他。老人什么也没说，走过去，拿起那团纸，将它扔进旁边的垃圾桶里。

接着，老人继续修剪灌木。哪知，中年女人又从挎包里揪出一团卫生纸扔了过去。"妈妈，你要干什么？"儿子奇怪地问。中年女人没有回答，只朝他摆了摆手，示意他不要说话。这次，老人依然没说什么，悄无声息地走过去，将那团纸拾起来再次扔到垃圾桶里，然后回到原处继续工作。可是，老人刚拿起剪刀，中年女人扔过来的第三团卫生纸又落在他眼前的灌木上。

老人一连捡了中年女人扔的6团纸，但他始终没流露出丝毫不满和厌烦的神色。

稍停，中年女人指着老人对儿子说："我希望你明白，你如果现在不努力学习，将来就跟这个老园工一样没出息，只能做这些卑微、低贱的工作！"

原来，男孩儿的学习成绩不好，中年女人正试图让他明白学习的重要性，而眼前修剪灌木的老人成了再好不过的"活教材"。

中年女人的话也被老人听到了，老人放下剪刀走过来，对中年女人说："夫人，这里是巨象集团的私家花园，按规定只有集团员工才可以进来。"

"那当然，我是巨象集团所属公司的部门经理，就在这座大厦里工作！"中年女人高傲地说，同时，她掏出一张证件朝老人晃了晃。

"我能借你的手机用一下吗？"老人沉思了一会儿说。

中年女人极不情愿地把自己的手机递给老人。老人拨了一个号码，简短地说了几句话，就把手机还给了那女人。那女人收起手机，又借此机会开导儿子道："你看这些穷人，这么大年纪了，连只手机也买不起。你今后一定要努力啊。"

这时，中年女人突然看到巨象集团人力资源部的负责人急匆匆地朝自己走来，她忙满面堆笑迎上去，可那位负责人看也没看她，径直走到老人面前，毕恭毕敬地站好。老人指着中年女人对来人说："我现在提议免去这位女士在巨象集团的职务！""是，总裁先生。我立刻按您的指示去办！"那位负责人连声答道。

老人吩咐完后，径直走到那中年妇女和小男孩儿面前，他用手抚摸着男孩儿的头，意味深长地说："孩子，我希望你明白，虽然你要学习的东西很多,但你必须首先学会尊重每一个人。等你真正理解并学会怎样尊重别人的时候,你带着你的母亲再来找我。"说完,老人提起大剪刀,向一排未修剪的灌木走去。

**至理箴言**

对人不尊敬,首先就是对自己的不尊敬。　　——惠特曼

## ❖ 不失尊严

很多年前的一个冬天,一群逃难者来到了美国南加州沃尔逊小镇。那里的镇长是杰克逊大叔,他可怜这些流亡者,发送给他们一批又一批的食物。也许因为好久没有吃到东西的缘故,那些流亡者接到东西,连一句感谢的话也不说,就狼吞虎咽地吃掉食物,这让杰克逊大叔感到无奈。

当杰克逊大叔将食物递到其中一位年轻人的面前时,他并没有像其他人那样立刻吃掉,而是问杰克逊:"先生,您给我这么多食物,我需要给您做些什么呢?"

杰克逊大叔看着这个脸色苍白、骨瘦如柴的年轻人,心想,给一个流亡者一顿充饱的食物,每一个善良的人都会这么做,不需要回报。于是他说:"不,年轻人,我没有需要你做的活儿。"

顿时,年轻的流亡者目光黯淡下去,硕大的喉结剧烈地上下动了动说:"是吗?那先生的东西我不能随便接受,因为我不能平白无故得到这些东西!"

杰克逊大叔想了想又说:"我想起来了,我家确实有一些活儿需要您帮忙。不过,需要您把这些东西吃完,才有力气去干活儿。"

年轻人还是没有接受,他站起来说:"不,我只有干完了活儿,

才能吃这些东西！"

杰克逊大叔十分赞赏地望着这个青年人，他知道这个年轻人走了很远的路，已经两天没吃东西了，而现在如果不给他活做，他也不肯吃下这些东西。杰克逊大叔思忖片刻说："小伙子，你愿意为我捶捶背吗？"说着，就蹲在那个青年人面前。青年人蹲下来，认真地给杰克逊大叔捶起背来。

几分钟后，杰克逊大叔十分惬意地站起来说："好了，小伙子，刚才我还腰酸背疼呢，可现在舒服极了。你捶得棒极了！"说完，他将食物递给年轻人。

年轻人这次没有拒绝，立刻狼吞虎咽地吃了起来。

杰克逊大叔微笑地看着这个年轻人说："小伙子，我的庄园现在太需要人手了，如果你愿意留下来的话，那我可就太高兴了。"

后来那个年轻人留下来了，而且很快成了杰克逊大叔庄园里的一把好手。

两年后，杰克逊大叔还把自己的女儿玛格珍妮许配给了他，杰克逊大叔告诉女儿说："别看他现在什么都没有，可他百分之百是个富翁，因为他有尊严！"

20多年后，年轻人果然拥有了一笔让所有美国人都羡慕的财富。他就是美国石油大王哈默。

■ **至理箴言**

若要重视自己的价值，就得给世界创造价值。 ——歌德

## ◆ 一份尊重

火车站前熙熙攘攘，热闹非凡。这里，除了赶车的旅客，还有

门口摆小摊的生意人。

他看到一个双腿残障的人在卖铅笔，便漫不经心地丢下了100元，当作施舍。但过了不久，他又返回来了，并很抱歉的对这残障者说："不好意思，我以为你是一个乞丐，原来你是一个生意人。"

很久以后，他再次经过火车站，门口一个店家的老板微笑着对他说："我一直都期待你的出现。你是第一个把我当成生意人看待的人，你看，我现在是一个真正的生意人了。"他就是那个卖铅笔的残障人士。

### ■至理箴言

施与人，但不要使对方有受施的感觉。帮助人，但给予对方最高的尊重。这是助人的艺术，也是仁爱的情操。　——刘墉

## ◆ 九头牛的价值

一个部落有个习俗：一个女子如果被人用9头牛的聘礼迎娶，表明她非常能干。

部落酋长有3个女儿，前两个女儿既聪明又漂亮，都是被人用9头牛作聘礼娶走的。只有当第三个女儿到了出嫁的时候，却没有一个人肯出9头牛来娶，因为三女儿既不漂亮，还很懒惰，没有人愿意娶这样一个女人做妻子。后来一个远乡来的游客听说这件事，就向酋长提出："我愿意用9头牛迎娶你的女儿。"酋长非常高兴，把女儿嫁给了这位外乡人。

几年后，酋长去探望远嫁他乡的三女儿。去的路上，他一直在想三女儿的家会是怎样的。令他没想到的是：女儿亲自下厨做美味佳肴来款待他，并且将家里布置得井井有条。而且从前的那个丑女孩早已变成了一个气质超俗的漂亮女人。这让酋长很震惊，他偷偷

地问女婿:"你是用什么魔法把她调教成这样的?"酋长的女婿说:"我没有什么魔法,我只是始终坚信你的女儿值9头牛,所以她就一直按照9头牛的标准来做了,就这么简单。"

■ **至理箴言**

　　认可、赞美和鼓励,能使白痴变天才,否定、批评和讽刺,可使天才成白痴。

——卡耐基

## ◆ 人生的第一课

　　一所著名大学的一批研究生被导师安排到一个大型企业的实验室参观。全体同学坐在会议室里等待总经理的到来。秘书给大家倒水,同学们都表情木然地看着她忙前忙后。只有一个同学,在秘书给他倒水时,轻声地说了声:"谢谢,辛苦您了。"秘书觉得很感动,因为这句很普通的客气话,却是她今天听到的第一句感谢的话。

　　不久总经理进来了,对他们说:"欢迎同学们到这里来参观。我看同学们好像都没有带笔记本,这样吧,李秘书你去拿一些我们的纪念册,送给同学们作纪念吧。"接下来,总经理双手把纪念册发到同学们手中。大部分同学都坐着很随意地接过纪念册,总经理的脸色也越来越不好看。这时,还是那位同学,在总经理把纪念册送到他面前时,很有礼貌地站起来,身体微倾,双手握住纪念册恭敬地说了声:"谢谢您!"

　　总经理这时点了点头,伸手拍着他的肩膀问:"你叫什么名字?"知道答案后,总经理微笑着回到了自己的座位上。两个月后,毕业分配表上,那位彬彬有礼的同学的毕业分配表上,赫然写着该大型企业的名字。有几位同学颇不服气地找到导师说:"他的学习成绩只能算是中等，为什么选他而没有选我们？"

导师看着他们说："这是总经理点名来要的。除了学习之外，你们需要学习的东西太多了，修养是人生的第一课。"

### 至理箴言

没有伟大的品格，就没有伟大的人，甚至也没有伟大的艺术家，伟大的行动者。

——罗曼·罗兰

## 斯坦福大学的由来

一对衣着简陋的夫妇坐火车去了波士顿，到了目的地，他们就直接找到哈佛大学。这会儿，他们已经走进了校长接待室。

"对不起，我们没有预约。但是，我们想见校长。"那穿着破旧的套装的丈夫轻声地对秘书说。

秘书眉头微皱，说："噢，校长，他很忙。"

"没关系,我们可以等他。"穿着褪色方格棉布衣的妻子微笑着说。几个小时过去了,秘书没有再搭理他们。秘书不明白这对乡下夫妇和哈佛大学会有什么关系，她希望他们会气馁，然后自己离开,可看来他们丝毫没有想走的意思，尽管不太情愿，秘书决定还是去打扰一下校长。

"可能，他们只需耽误您几分钟。"秘书对校长说。

校长的确很忙，他可能不会将太多的时间花费在那些他看来无关紧要的人身上。尽管如此，校长还是点头同意会见客人。

女士告诉校长说："我们的儿子进入哈佛大学一年了，他爱哈佛大学。他在这里很快乐。"

"夫人，谢谢你的儿子爱哈佛大学，你知道，哈佛大学的学生都爱哈佛大学。"校长说。

"可是在一年前，他意外地死了。"

"噢，真不幸，夫人。"

"我丈夫和我想在学校的某个地方为他竖立一个纪念物。"

"非常遗憾，夫人！"校长说，"你知道，我们不可能为每一个进入哈佛大学后死去的人竖立纪念物。如果这样做，这哈佛大学不就成公墓了吗？"

"噢，对不起，先生！"女士赶紧解释，"我们并不想要竖立一尊雕像。我们只是想说我们愿给哈佛大学建座楼。"

校长的目光落在这对夫妇粗糙简陋的着装上，惊叫道："一栋楼！你们知道建一栋楼要花费多少钱？仅在哈佛大学的自然植物，其价值就超过750万美元！"

校长为这远道而来的夫妇感到悲哀，他们真是太幼稚了。女士沉默了，校长松了口气，他终于可以和这夫妇俩说再见了。

女士转过身平静地对她的丈夫说："亲爱的，这笔耗费不是可以另开一所大学吗？为什么我们不建立一所自己的学校呢？"

面对校长的一脸疑惑，那位丈夫坦然地点了点头。斯坦福夫妇离开了，他们去了加利福尼亚州。在那里，他们建立了以自己孩子的名字命名的大学——斯坦福大学。

### 至理箴言

　　我们不要把眼睛生在头顶上，致使用了自己的脚踏坏了我们想得之于天上的东西。

——冯雪峰

## 乞丐的尊严

　　每一个生活在这个世界上的人都有尊严，这是他们生活下去的精神支柱，即使是乞丐也不例外。

吉姆曾经在流浪汉聚集的地下通道里遇到一个乞丐。那是一个20来岁的年轻人。他衣衫破旧，抱着一把褪了色的旧吉他，唱着悲伤的歌曲。这样的情景，在这个城市每一天都可以见到。

"可以自食其力的人，却在这里乞求别人的施舍，他们为什么不觉得脸红？"想到这里，吉姆加快了脚步，向前走去。吉姆可不想为这样的人付出什么。忧伤的歌曲依然在吉姆的耳边萦绕，但是吉姆没有心情停住。

"先生，请等一等。"当吉姆走上台阶的时候，一个声音叫住了吉姆，吉姆知道是那个乞讨的人。

"别人不给钱就算了，还要追上来要钱？这样的人我是绝对不会给他钱的。"想到这里吉姆生气地对他说："对不起，我没有钱给你，我现在很忙，请不要打搅我。"

"您误会了，我想问这是您的东西吗？"当吉姆看到他手里的钱包的时候，这才发现，那正是自己的钱包，里面有整整一万美金，这些钱要是丢了，吉姆的工作就完了。刹那间，吉姆感到了羞愧，是自己误会了这个乞丐。他并不是向吉姆讨要什么，而是归还吉姆丢失的钱包。吉姆非常激动地接过了钱包，为了表示谢意，他从钱包里拿了一张10美元的纸币，然后对乞丐说："为了表示感谢，请接受我的一份心意！"

"先生，我是需要钱，但是我有自己的原则。"那个年轻的乞丐说道，"希望您今天有一个好心情，下次可要注意了。再见了，先生。"

说完，又回到了原先的地方，继续弹那把旧吉他。

原本觉得并不怎样的吉他声突然变得如此地温暖，吉姆站在那里，感觉四周静悄悄的，只有悦耳的吉他声在耳边萦绕。

这就是乞丐的尊严。

### 至理箴言

不知道他自己的尊严的人，便不能尊重别人的尊严。——席勒

## ◆ 多谈对方关心的事

商鞅是以力主变法而闻名于史的,可是,变法并不是他原来的主张。当他来到秦国时,秦孝公正雄心勃勃地想重振祖先的霸业,收复失去的国土,商鞅通过孝公的宠臣景监,拜谒了孝公。一见面,他就向孝公大谈起传说中的尧、舜这些帝王如何与百姓同甘共苦,并身体力行,以自己的行动感化百姓,从而达到天下大治这一套所谓的"帝道"。结果说得秦孝公直打瞌睡,一句也没听进去。事后,秦孝公责备景监说:"你的那个客人,只会说一些大话来欺人,不值得一用。"

景监埋怨商鞅。商鞅说:"我向国君进献了帝道,可他却不能领会。"

5天之后,商鞅又一次去见秦孝公,将原来所谈的那一套加以修正,可还是不符合秦孝公的心意。景监又一次被孝公指责,他对商鞅的怨气更大了。商鞅说:"我向国君推荐了夏、商、周三代的治国之道,他还是接受不了,我希望国君能再一次接见我。"

商鞅又一次去见孝公,这一次两人谈得比较投机,但秦孝公也没表示要任用他,只是对景监说:"你的这个客人还可以,我能同他谈得来。"

商鞅向景监汇报说:"我向国君谈了春秋五霸以武力强国的道理,国君有要用我的意思了,如果能再见我一次,我就知道该怎么去说服国君了!"

当商鞅再一次向国君进言时,秦孝公听得入了迷,不由得一次又一次将坐席向前移,一连听了好几天也没有听够。得知这一情况的景监很奇怪,他问商鞅:"你用什么打动了国君,令他十分高兴了?"商鞅说:"我向国君进献帝道、王道,国君说那些事太久远了,他等不及；我向国君进献强国之术，国君就特别高兴。"就这样，商鞅被秦孝公所重用，他便大行变法，使秦国很快富强起来。

### ◼ 至理箴言

我们有两只耳朵，但只有一张嘴，所以应该多听少说。

——芝诺

## ◆ 半盘牛排

有一次，松下幸之助在一家餐厅招待客人，一行6人都点了牛排。等6个人都吃完主餐，松下让助理去请烹饪牛排的主厨过来，他还特别强调："不要找经理，找主厨。"

助理注意到，松下的牛排只吃了一半，心想一会的场面可能会很尴尬。

主厨来时很紧张，因为，他知道请自己的客人来头很大。

"是不是有什么问题？"主厨紧张地问。

"烹调牛排，对你已不成问题，"松下说，"但是，我只能吃一半。原因不在于厨艺，牛排真的很好吃，但我已80岁了，胃口大不如前。"

主厨与其他的5位用餐者面面相觑，大家过了好一会才明白怎么一回事。"我想当面和你谈，是因为我担心，你看到吃了一半的牛排就倒掉，心里会难过。"

客人在旁听见松下如此说，更佩服松下的人品并更喜欢与他做生意。

又有一次，松下对一位部门经理说："我个人要做很多决定，还要批准他人的很多决定。实际上，只有40%的决策是我真正认同的，余下的60%是我有所保留的或我觉得过得去的。"

经理觉得很惊讶，假使松下不同意的事，大可一口否决就行了。

"你不可以对任何事都说不，对于那些你认为算是过得去的计划，你大可在实行过程中指导他们，使他们重新回到你所预期的轨迹。我想一个领导有时应该接受他不喜欢的事，因为，任何人都不喜欢被否定。"

### 至理箴言

人类本质中最殷切的需求是渴望被肯定。　——威廉·詹姆士

## 待　遇

苏轼某次去一座寺庙参观，寺僧看他其貌不扬，以为是一个普通游客，所以，只淡淡地招呼他："坐"，"茶"。

他第二次去寺庙时，穿着较为华丽整齐，寺僧才稍稍礼遇他，招呼道："请坐"，"泡茶"。

他第三次再去时，大家都知道他就是有名的文学家，所以非常恭敬地迎接他，并且再三地招呼他："请上坐"，"泡好茶"。

寺僧把握这难得的机会，捧出文房四宝，请他题字留念。

苏轼提笔就写：

"坐，请坐，请上坐。"

"茶，泡茶，泡好茶。"

寺僧看了无地自容。

### 至理箴言

如果希望赢得他人的尊重，首先要尊重自己。

——西班牙谚语

## ◆ 罗斯福认错

美国总统西奥多·罗斯福爱好打猎。一次，他与一个牧场工人外出打猎。罗斯福看见前面有一群野鸭，便要举枪射击。那个工人看见树丛中躲着一头狮子，忙举手示意罗斯福不要开枪。但罗斯福也不想放过近在咫尺的野鸭，举枪便射。听到枪声，狮子跳了起来，跑进了树丛。那个工人见此情景，非常生气，大声斥责罗斯福："傻瓜，我举手示意，就是要你不要动，你连这点规矩都不懂吗？"

这时，作为总统的罗斯福并没有因为受到斥责而生气，也没有失去理智而处罚那个工人。他连忙向那个工人检讨，责备自己贻误了猎杀一头大狮子的绝好机会。

### ■ 至理箴言

一切真正的和伟大的东西，都是纯朴而谦逊的。——别林斯基

## ◆ 人缘

有一位公司董事长，在他的公司财源茂盛的时候，他的汽车压死了别人家的小鸡，他的狼犬对着邻家的小孩露出可怕的长牙，他修房子把建材堆在邻家门口。坦白地说，他在邻居中间没什么人缘。

后来，他的公司因周转不灵而歇业，人们发现他的脸上有了笑容，他的下巴收起来了，他家的狼犬拴上了链子，他也经常摸一摸邻家孩子的头。可是，他仍然没有什么人缘。

一天，他无意中听到这样一句话："人在失意的时候得罪了人，可以在得意的时候弥补；在得意的时候得罪了人，却不能在失意的时候弥补。"言者无心，听者有意，他若有所悟。

他暂时停止改善公共关系，专心改善公司的业务。终于，公司又"生意兴隆通四海"，他又有汽车可坐，不过他从此不再按喇叭门，并且，在雨天减速慢行，小心防止车轮把积水溅到行人身上。他的下巴仍然收起来，仍然有时伸手摸一摸邻家孩子的头顶。

后来，他搬家了，全体邻居依依不舍送到公路边上，用非常真诚的声音对他喊："再见！"

### 至理箴言

我们平等地相爱，因为我们互相了解，互相尊重。

——列夫·托尔斯泰

## 别人的看法

一天，父子俩赶着一头驴进城，子在前，父在后，半路上有人笑他们："真笨，有驴子竟然不骑！"

父亲听了觉得有理，便叫儿子骑上驴，自己跟着走。走了不久，有人议论："真是不孝子，自己骑着驴让父亲走路！"

父亲于是叫儿子下来，自己骑上驴背。走了一会儿，又有人说："这个人真是狠心，自己骑驴，让孩子走路，不怕累着孩子？"

父亲连忙叫儿子也骑上驴背，心想这下总该没人议论了吧！谁知又有人说："那头驴那么瘦，两人骑在驴背上，不怕把它压死吗？"

最后父子俩把驴子的四只脚绑起来，一前一后用棍子扛着。在经过一座桥时，驴子挣扎了一下，掉到河里淹死了！

**至理箴言**

走自己的路，让别人去说吧！　　　　　　　　　　——但丁

## ◆ 传话的人

张小姐和王小姐虽然同在一家公司工作，但她们素来不和。

有一天，张小姐忍无可忍地对另一个同事李先生说："你去告诉王小姐，我真受不了她，请她改改她的坏脾气，否则，没有人愿意理她！"

李先生说："好！我会处理这件事。"

后来，张小姐遇到王小姐时，王小姐果然是既和气又有礼貌，与从前相比较，简直判若两人。

张小姐向李先生表示谢意，并且好奇地问："你是怎么说的？竟有如此的神效。"

李先生笑着说："我跟王小姐说：'有好多人称赞你，尤其是张小姐，说你又温柔又善良、脾气好、人缘更佳！'如此而已。"

**至理箴言**

要改变人而不触犯或引起人的反感，那么，请称赞他们最微小的进步，并称赞每个进步。　　　　　　——卡耐基

## ◆ 为了一杯酒

齐国有一名叫夷射的大臣，有一次，他受齐王之邀参加酒宴。由于不胜酒力，他便想到宫门外吹吹风。

守宫门的人曾是受过刑的男子，他一个人无聊，便向夷射讨杯酒吃。夷射对守门人很是鄙夷，便大声斥责道："什么？滚到一边去！像你这种下贱的囚犯，竟然向我讨酒吃？"

守门人还想分辩时，夷射已经离去。守门人便怀恨在心。

这时因为下雨，宫门外刚好积了一些水，像人的小便，守门人便有了诬陷夷射的意思。

第二天清晨，齐王出门，看到门前有一些不雅的痕迹，心中不悦，急唤守门人，疾言厉色道："这是谁在这里放肆？"

守门人见机会来了，故作惶恐支吾的样子。齐王追问更急，守门人便说："我不是很清楚，但我昨晚看到大臣夷射站在这里。"

齐王果然以欺君罪，赐夷射死。

### 至理箴言

所谓以礼待人，即用你喜欢别人对待你的方式对待遇别人。

——查理德菲尔

## 学会做人

小李和小高都是刚来公司的大学生，两人被安排在同一个部门，做同样的工作，在工作能力和工作业绩上也不相上下，但两个人在为人处世方面却有很大不同。

小李比较"直爽"，见到人都是直呼其名，小赵老王地随意喊叫。有一次，小李的顶头上司张经理正在会议室接待客人，小李突然出现在门口，大声喊："老张，你的电话。"刚刚35岁的张经理，竟被人称呼老张，又是当着客人的面，而且这样称呼自己的人还是自己的部下，自然心里很不舒服。而小高就不同了，见到谁都毕恭毕敬的，小心翼翼地称张经理、马主任，没有职务的，他就喊大姐大哥，年龄稍长的职工，他就叫师傅。

小李只有上班时才在公司，下班就走人，与公司里的人也没有过多交往。小高就不同了，他下班以后，看有人没走就会留下来，与人家聊聊天，说说闲话。谁有什么困难，他也会尽力帮助。当然，他也经常向别人求助。

后来，张经理手下的一个副经理调到别的部门主持工作了，公司决定采用公开竞聘的方式选拔新的副经理。小李和小高因为都是业务骨干，符合公司规定的竞聘条件，于是两人都报名竞聘。评委由公司中层以上干部和职工代表组成。

竞聘的结果大家可能已经猜到了：小高以绝对的优势击败了小李，成为公司最年轻的中层干部。

**至理箴言**

　　礼仪的目的与作用本在使得本来的顽梗变柔顺，使人们的气质变温和，使他尊重别人，和别人合得来。——约翰·洛克

## ◆ 挺起你的胸膛

70多年前，一位挪威青年男子来到法国，他要报考著名的巴黎音乐学院。尽管他竭力将自己的水平发挥到最佳状态，但主考官还是没能看中他。

身无分文的青年来到学院外不远处一条繁华的街上，站在一棵椿树下拉起了手中的琴。他拉了一曲又一曲，吸引了无数人的驻足聆听。饥饿的青年男子最终捧起自己的琴盒走向人群，围观的人们纷纷掏钱放入琴盒。

一个无赖鄙夷地将钱扔在青年男子的脚下。青年男子看了看无赖，最终弯下腰拾起地上的钱递给无赖说："先生，您的钱掉在了地上。"

无赖接过钱，重新扔在青年男子的脚下，再次傲慢地说："这钱已经是你的了，你必须收下！"

青年男子再次看了看无赖，深深地对他鞠了个躬说："先生，谢谢您，刚才您掉了钱，我弯腰为您捡起。现在我的钱掉在了地上，麻烦您也为我捡起！"

无赖被青年男子出乎意料的举动震撼了，最终捡起地上的钱放入青年男子的琴盒，然后灰溜溜地走了。

围观者中有双眼睛一直默默关注着青年男子，是刚才的那位主考官。他将青年男子带回学院，最终录取了他。

这位青年男子叫比尔·撒丁，后来成为挪威小有名气的音乐家，他的代表作是《挺起你的胸膛》。

■ 至理箴言

　　每一个正直的人都应该维护自己的尊严。　　——卢梭

## ◆ 那个空缺

罗马一位法官在审理一宗奴隶脱逃案，他问奴隶为何要逃跑。

"是主人对你苛刻吗？"

"不是。"

"是因为住得太寒酸吗？"

"不是，我住的地方很好。"

"是工作太苦吗？"

"也不是，主人没有虐待我。"

"那么你为什么要逃跑呢？"

奴隶抬头回答："因为我要追求自由。"

"你住得好、吃得好，工作环境也不错，难道还有比这更好的地方吗？"

"法官大人，既然我跑出来了，如果您还中意，那个空缺就留给您吧！"

### 至理箴言

　　我们可以死，但是永远不会变节！我们可以死，但是要自由和尊严地去死！

　　　　　　　　　　　　　　　　　　　　——卡斯特罗

## ◆ 保持自己的本色

　　伊笛丝·阿雷德太太从小就特别敏感而腼腆，她的身体一直太胖，而她的一张脸使她看起来比实际还胖。

　　伊笛丝的母亲很古板，她认为把衣服弄得漂亮是一件很愚蠢的事情。伊笛丝小的时候，她总是对伊笛丝说："宽衣好穿，窄衣易破。"而母亲总照这句话来帮伊笛丝穿衣服。所以，伊笛丝从来不和其他的孩子一起做室外活动，甚至不上体育课。她非常害羞，觉得自己和其他的人都不一样，完全不讨人喜欢。长大之后，伊笛丝嫁给一个比她大几岁的男人，可是她并没有改变。她丈夫一家人都很好，也充满了自信。伊笛丝尽最大的努力要像他们一样，可是她做不到。他们为了使伊笛丝开朗而做的每一件事情，都事与愿违。伊笛丝变得紧张不安，躲开了所有的朋友，她甚至怕听到门铃响。

　　伊笛丝知道自己是一个失败者，又怕她的丈夫会发现这一点，所以每次他们出现在公共场合的时候，她假装很开心，结果常常做得太过分。事后，伊笛丝会为这个难过好几天。最后不开心到使她觉得再活下去也没有什么道理了，伊笛丝开始想自杀。

有一天，她的婆婆正在谈她怎么教养她的几个孩子，她说："不管事情怎么样，我总会要求他们保持本色。""保持本色"，就是这几个字！那一刹那，伊笛丝才发现自己之所以那么苦恼，就是因为她一直在试着让自己适合于一个并不适合自己的模式。

伊笛丝后来回忆道："在一夜之间我整个地改变了。我开始保持本色。我试着研究我自己的个性，自己的优点；尽我所能去学色彩和服饰知识，尽量以适合我的方式去穿衣服。我主动去交朋友，还参加了一个社团组织。今天我所有的快乐，是我以前想不到的。在教养我自己的孩子时，我也总是把我从痛苦的经验中所学到的教给他们：'不管事情怎么样，总要保持本色。'"

### ■至理箴言

　　一个人的特色就是他存在的价值，不要勉强自己去学别人，而要发挥自己的特长。这样不但自己觉得快乐，对社会人群也更容易有真正的贡献。

——罗曼·罗兰

## ◆ 不要做长舌之人

圣菲利普是16世纪深受爱戴的牧师，贵族和平民也都喜欢他，这一切都是因为他的善解人意。

有一次，一位年轻的女孩来到圣菲利普面前倾诉自己的苦恼。圣菲利普明白了女孩的缺点，其实她心地倒不坏，只是她管不住自己的口，喜欢说些无聊的闲话。而这些闲话传出去后，给许多人造成了伤害。

圣菲利普说："你不应该谈论他人的缺点，我知道你也为此苦恼，现在我请你为此悔改。你到市场上买一只母鸡，走出城镇后，沿路拔下鸡毛并四处抛散。你要一刻不停地拔，直到拔完为止。你做完之后就回到这里告诉我。"

女孩觉得这是非常奇怪的悔改方式，但为了消除自己的烦恼，她没有任何异议。她买了鸡，走出城镇，并遵照吩咐拔下鸡毛。然后她回去找圣菲利普，告诉他自己按照他说的做了一切。

圣菲利普说："你已完成了悔改的第一部分，现在要进行第二部分。你必须回到你来的路上，捡起所有的鸡毛。"

女孩为难地说："这怎么可能呢？在这个时候，风已经把它们吹得到处都是了，也许我可以捡回一些，但是我不可能捡回所有的鸡毛。"

"没错，我的孩子。那些你脱口而出的愚蠢话语不也是如此吗？你不也常常从口中吐出一些愚蠢的谣言吗？然后它们不也是散落路途，口耳相传到各处吗？

### ■ 至理箴言

无论是别人在跟前或者自己单独的时候，都不要做一点卑劣的事情；最要紧的是自尊。
——毕达哥拉斯

## ❖ 勇敢的回答

穆勒是法兰克福一家公司的总经理。他同时在几家报纸刊登了招聘广告，想聘一个业务素质高、有闯劲、品德高尚的职员做办公室的秘书。初选后，他选中6名比较优秀的应聘者，并通知了他们下次见面的时间。穆勒想聘到真正有价值的人才，所以他花心思琢磨出了一个好办法。

6名应聘者按约定时间准时来到办公室门外。八点半到了，他们敲响了总经理办公室的门。门内传出一声含混不清的"请进"，6个人推门走进去。

穆勒见他们进来，脸上勃然变色，厉声呵斥他们："为什么这样没有修养，未经主人同意就擅自闯进房间来？"

见总经理无端动怒，好几个应聘者都面面相觑，胆怯地低下了头。那是未来的顶头上司，谁敢招惹啊？

"总经理先生，"一个小伙子向满面怒容的穆勒先生走近了一步，说，"您搞错了。"另外几个应聘者听到这个不知深浅的家伙敢顶撞总经理，都暗暗幸灾乐祸，认为这下他们少了一个竞争者。这个毛头小子还在说："请不要发怒，总经理先生，您这样可有失风度啊，就算我们听错了，您也不能出口伤人啊。"

穆勒先生木然地摆手叫他们退下，只留下那个小伙子。那几个人想，大概这个家伙要倒霉了。出人意料，他们刚刚走出房间，穆勒先生就转怒为喜，他请小伙子坐下，说："年轻人，你干得很好，有胆量指出我的过错，而且，是在我生气发火的时候，难能可贵啊。"说着，拿过一份聘任书，在上面写了小伙子的名字。办公室外的其他人终于明白，原来穆勒先生是在考验他们。

■ 至理箴言

　　自尊自爱，是一种力求完善的动力，也是一切伟大事业的渊源。
　　　　　　　　　　　　　　　　　　　　——屠格涅夫

## ◆ 要维护人格的尊严

布朗的母亲是在他7岁那年去世的，继母来到他家的那一年，小布朗11岁了。

刚开始，布朗不喜欢她，大概有两年的时间他没有叫她"妈"，为此，父亲还打过他。可越是这样，布朗心里越是抵触。然而，布朗第一次叫她"妈"，却是他一生中第一次也是唯一的一次挨她打的时候。

一天中午，布朗偷摘人家院子里的葡萄时被主人给逮住了，主人的外号叫"大胡子"，布朗平时就特别怕他，如今在他面前被抓，他吓得浑身哆嗦。

大胡子说："今天我也不打你不骂你，你只给我跪在这里，一直跪到你父亲来领人。"

听说要自己跪下，布朗心里确实很不情愿。大胡子见他没反应，便大吼一声："还不给我跪下！"

迫于对方的威慑，布朗战战兢兢地跪了下来。这一幕，恰巧被他的继母给撞见了。她冲上前，一把将布朗提起来，然后，对大胡子大叫道："你太过分了！"

继母平时是一个温柔的人，突然如此愤怒，让大胡子也不知所措。布朗也是第一次看到继母性情中的另外的一面。

回家后，继母狠狠地抽打了几下布朗的屁股，边打边说："你偷摘葡萄我不会打你，哪有小孩不淘气的！但是，别人让你跪下，你就真的跪下，你不觉得这样有失人格吗？不顾自己人格的尊严，将来怎么成人？将来怎么成事？"

母亲说到这里，突然抽泣起来。布朗尽管只有13岁，但继母的话令他震撼。他猛地抱住了继母的臂膀，哭喊道："妈，我以后不这样了。"

### 至理箴言

没有自我尊重，就没有道德的纯洁性和丰富的个性精神。对自身的尊重、荣誉感、自豪感、自尊心是一块磨炼细腻的感情的砺石。

——苏霍姆林斯基

## 第四辑 谦逊

一个人真正伟大之处就在于他能够认识到自己的渺小。
——约翰·保罗

## 大帝与上校

亚历山大大帝骑马旅行到俄国西部。一天,他来到一家乡镇小客栈。为进一步了解民情,他决定徒步旅行。当他穿着没有任何标志的平纹布衣走到一个三岔路口时,记不清回客栈的路了。

亚历山大无意中看见有个军人站在一家旅馆门口,于是他走上去问道:"朋友,你能告诉我去客栈的路吗?"

那军人叼着一只大烟斗,头一扭,高傲地把这个身着平纹布衣的旅行者上下打量一番,傲慢地答道:"朝右走!"

"谢谢!"大帝又问道:"请问离客栈还有多远!"

"一英里。"那军人生硬地说,并瞥了陌生人一眼。

大帝抽身道别,刚走出几步又停住了,回来微笑着说:"请原谅,我可以再问你一个问题吗?如果你允许我问的话,请问你的军衔是什么?"

军人猛吸了一口烟说:"猜嘛。"

大帝风趣地说："中尉。"

那烟鬼的嘴唇动了一下，意思是说不止中尉。

"上尉？"

烟鬼摆出一副很了不起的样子说：

"还要高些。"

"那么，你是少校？"

"是的！"他高傲地回答。

于是，大帝敬佩地向他敬了礼。

少校转过身来摆出对下级说话的高贵神气，问道："假如你不介意，请问你是什么官？"

大帝乐呵呵地回答："你猜！"

"中尉？"

大帝摇头说："不是。"

"上尉？"

"也不是！"

少校走近仔细看了看说："那么你也是少校？"

大帝静静地说："继续猜！"

少校取下烟斗，那副高贵的神气一下子消失了。他用十分尊敬的语气低声说："那么，你是部长或将军？"

"快猜着了。"大帝说。

"殿……殿下是陆军元帅吗？"少校结结巴巴地说。

大帝说："我的少校，再猜一次吧！"

"皇帝陛下！"少校的烟斗从手中一下掉到了地上，猛地跪在大帝面前，忙不迭地喊道：

"陛下，饶恕我！陛下，饶恕我！"

"饶你什么？朋友。"大帝笑着说，"你没伤害我，我向你问路，你告诉了我，我还应该谢谢你呢！"

### 至理箴言

> 伟大的人是决不会滥用他们的优点的，他们看出他们超过别人的地方，并且意识到这一点，然而绝不会因此就不谦虚。他们的过人之处越多，他们越认识到他们的不足。　　——卢梭

## ❖ 不可恃才傲物

乾隆三十八年，毕秋帆任陕西巡抚。赴任的时候，经过一座古庙，毕秋帆便进庙内休息。一个老和尚坐在佛堂上念经，听说巡抚毕大人来了，这个老和尚既不起身，也不开口，只顾念经。毕秋帆当时只有40出头，英年得志，见老和尚这样傲慢，心里很不高兴。老和尚念完一卷经之后，离座起身，合掌施礼，说道："老衲适才佛事未毕，有疏接待，望大人恕罪。"

毕秋帆说："佛家有三宝，老法师为三宝之一，何言疏慢？"

随即，毕秋帆上坐，老和尚侧坐相陪。

交谈中，毕秋帆问："老法师诵的何经？"

老和尚说："《法华经》。"

毕秋帆说："老法师一心向佛，摒除俗务，诵经不辍，这部《法华经》想来应该烂熟如泥，不知其中有多少'阿弥陀佛'？"

老和尚听了，知道毕秋帆心中不满，有意出这道题难他，他不慌不忙，从容地答道："老衲资质鲁钝，随诵随忘。大人文曲星下凡，一部《四书》想来也应该烂熟如泥，不知其中有多少'子曰'？"毕秋帆听了不觉大笑，对老和尚的回答极为赞赏。

献茶之后，老和尚陪毕秋帆观赏菩萨殿宇，来到一尊欢喜佛前，毕秋帆指着欢喜佛的大肚子对老和尚说："你知道他这个大肚子里装的是什么吗？"

老和尚马上回答:"满腹经纶,人间乐事。"

毕秋帆不由连声称好,因而问他:"老法师如此才华,取功名容易得很,为什么要抛却红尘,皈依三宝?"

老和尚回答说:"富贵如过眼烟云,怎么比得上西方一片净土!"

两人又一同来到罗汉殿,殿中十八尊罗汉各种表情,各种姿态,栩栩如生。毕秋帆指着一尊笑罗汉问老和尚:"他笑什么呢?"

老和尚回答说:"他笑天下可笑之人。"

毕秋帆一顿,又问:"天下哪些人可笑呢?"

老和尚说:"恃才傲物的人,可笑;贪恋富贵的人,可笑;倚势凌人的人,可笑;钻营求宠的人,可笑;阿谀逢迎的人,可笑;不学无术的人,可笑;自作聪明的人,可笑……"

毕秋帆越听越不是滋味,连忙打断他的话,说道:"老法师妙语连珠,针砭俗子,下官领教了。"说完深深一揖,便带领仆从离寺而去。

从此,毕秋帆再也不敢小看别人了。

■ **至理箴言**

　　蠢材妄自尊大,他自鸣得意的,正好是受人讥笑奚落的短处,而且往往把应该引为奇耻大辱的事,大吹大擂。　　——克雷洛夫

## ◆ 飘落的羽毛

有一根非常绚丽耀眼的羽毛,生长在大鹏鸟的翅膀上。在众多羽毛中,这根羽毛与众不同,它每时每刻都闪闪发亮,耀眼夺目,令其他羽毛羡慕不已。它自己也常常为此得意扬扬:没有我的话,大鹏鸟哪里能够一飞冲天呢?

漂亮的羽毛整天陷在自傲自负的泥沼里,无法自拔。终于有一

天，它向大家宣布说："我觉得大鹏鸟已经成为我沉重的负担，要不是大鹏鸟硕大无比的躯体重重地拖累着我，我一定可以自由自在地飞翔，而且会飞得更远更高。"

说完，它就使出浑身解数，拼命想脱离大鹏鸟，最后它终于如愿以偿地从大鹏鸟的翅膀上掉落下来。但它在空中没飘多久，就无声无息地落在泥泞的土地上，从此再也无法飘扬远飞了。

### ◾ 至理箴言

我们的骄傲多半是基于我们的无知！
———莱辛

## ❖ 卖弄灵巧的猕猴

有一天，吴王乘船在长江中游玩，登上猕猴山。原来聚在一起戏耍的猕猴，看到吴王前呼后拥地过来了，立即一哄而散，躲到森林与荆棘丛中去了。

但有一只猕猴，想在吴王面前卖弄灵巧，它在地上得意地旋转，旋转够了，又纵身到树上，攀爬腾荡。吴王看了不舒服，就展弓搭箭射它，它又从容地拨开射来的利箭，并敏捷地把箭接住。吴王脸都气红了，命令左右一齐动手，箭如风卷，猕猴无法逃脱，立即被射死了。

吴王回头对他的部下说，这猴夸耀自己的聪明，倚仗自己的敏捷傲视本王，以致丢了性命，要引以为戒呀！

### ◾ 至理箴言

骄傲自满是我们的一座可怕的陷阱；而且，这个陷阱是我们自己亲手挖掘的。
———老舍

## ◆ 跪射俑的低姿态

在秦始皇陵兵马俑博物馆,我看到了那尊被称为"镇馆之宝"的跪射俑。我仔细观察这尊跪射俑,它左腿蹲曲,右膝跪地,右足竖起,足尖抵地,上身微左侧,两手在身体右侧一上一下作持弓弩状。秦兵马俑中至今已经出土的大量陶俑,除跪射俑外,皆有不同程度的损坏,需要人工修复。而这尊跪射俑是保存最完整的,仔细观察下,就连它的衣纹、发丝都还清晰可见。

跪射俑何以能保存得如此完整?导游说,这得益于它的低姿态。首先,跪射俑身高只有1.2米,而普通立姿兵马俑的身高都在1.8米至1.97米之间,兵马俑坑都是地下坑道式土木结构建筑,当棚顶塌陷时,高大的立姿俑首当其冲,低姿的跪射俑受损害就小一些。其次,跪射俑作蹲跪姿,重心下沉,增强了其稳定性。

**■ 至理箴言**

只有坚强的人才谦虚。

——赫尔岑

## ◆ 高阳盖房

宋国大夫高阳为了兴建一幢房屋,派人在自己的封邑内砍伐了一批木材。这批木材刚运到建房基地,他就找来工匠,催促其即日动工建房。

工匠对高阳说:"我们目前还不能开工。这些刚砍下来的木料含水太多、质地柔韧，抹泥承重以后容易变弯。初看起来，用这种木料盖的房子与用干木料盖的房子相比，差别不大，但是时间一长，用湿木料盖的房子容易倒塌。"

高阳听了工匠的话以后，冷冷一笑。他自作聪明地说："依你所见，不就是存在一个湿木料承重以后容易弯曲的问题吗？然而，你并没有想到湿木料干了会变硬，稀泥巴干了会变轻的道理。等房屋盖好以后，过不了多久，木料和泥土都会变干。那时的房屋是用变硬的木料支撑着变轻的泥土。怎么会倒塌呢？"

工匠们只是在实践中懂得用湿木料盖的房屋寿命不长，可是，真要说出个详细的道理，他们也感到为难。因此，工匠们只好遵照高阳的吩咐去办。虽然在湿木料上拉锯用斧、下凿推刨很不方便，工匠们还是克服种种困难，按尺寸、规格搭好了房屋的骨架。抹上泥以后，一幢新屋就落成了。

开始那段日子，高阳对于很快就住上了新房颇感骄傲，他认为这是自己用心智说服工匠的结果。可是时间一长，高阳的这幢新屋就开始往一边倾斜。他的高兴也随之被担忧所取代。高阳一家怕出事故，从这幢房屋搬了出去。没过多久，这幢房子就倒塌了。

■ 至理箴言

　　傻子自以为聪明，但聪明人知道自己是个傻子。——莎士比亚

## ❖ 议员们的尴尬

　　美国总统林肯当选的那一刻，整个参议院的议员都感到尴尬，因为当时美国的参议员大部分都是上流社会的人，从未料到新当选的总统会是一个出身卑微的人。

因此，林肯首度在参议院演说之前，就有参议员计划要羞辱他。当林肯站在演讲台上的时候，有一位态度傲慢的参议员站起来说："林肯先生，在你演讲开始之前，我希望你记住，你是一个鞋匠的儿子。"所有的参议员都大笑起来，为自己虽然不能打败林肯，却能羞辱他而开怀不已。

等到大家的笑声停止后，林肯不卑不亢地说："我非常感激你！使我想起我已经过世的父亲，我一定会永远记住你的忠告，我永远是鞋匠的儿子！我知道我做总统永远无法像我父亲做鞋匠做得那么好。"参议院立刻陷入一片静默之中，林肯转头对那个傲慢的参议员说："就我所知，我父亲以前也曾为你的家人做过鞋子，如果你的鞋子不合脚，我可以帮你修正它，虽然我不是伟大的鞋匠，但是，我从小就跟父亲学会了做鞋子这门手艺。"

然后，他用温和的目光扫视着全场所有的参议员："对参议院里的任何人都一样，如果你们穿的那双鞋是我父亲做的，而它们需要修理，我一定尽可能帮忙。但是，有一件事是可以确定的，我无法像他那么伟大，他的手艺是无人能比的。"说到这里，林肯流下了眼泪，顿时，全场爆发出了雷鸣般的掌声。

■ **至理箴言**

一个人真正伟大之处就在于他能够认识到自己的渺小。

——约翰·保罗

## ◆ 我会输给很多人

一位作家的寓所附近有一个卖油面的小摊子。一次，这位作家带孩子散步时，看到了令人赞叹的一幕。

只见卖面的小贩把油面放进烫面用的竹捞子里，一把面塞一个捞子，仅在刹那之间就塞了十几把，然后他把叠成长串的竹捞子放进锅里烫。

接着他又非常迅速地将十几个碗一字排开，放盐、味精等，随后他捞面、加汤，一瞬间就做好十几碗面。而且前后竟没有超过到5分钟，摊主还边干活边与顾客聊天。作家和孩子都看呆了。

在他们从面摊离开的时候，孩子突然抬起头来说："爸爸，我猜如果你和他比赛卖面，你一定输！"

对于孩子突如其来的谈话，作家莞尔一笑，并且立即坦然承认，自己一定会输给卖面的人。作家说："不只会输，而且会输得很惨。我在这世界上是会输给很多人的。"

他们在豆浆店里看伙计揉面粉炸油条，看油条在锅中胀大，作家对孩子说："爸爸比不上炸油条的人。"

他们在饺子馆，看见一个伙计包饺子如同变魔术一样，动作轻快，双手一捏，个个饺子大小如一，晶莹剔透，作家又对孩子说："爸爸比不上包饺子的人。"

▎至理箴言

真正的谦虚只能是对虚荣心进行了深思以后的产物。

——柏格森

## ❖ 正视无知

在古雅典城里，有一座德尔斐神庙，那里供奉着雅典的主神阿波罗。相传那里的神谕非常灵验，当时的雅典人一遇到重大的或疑难的问题，便到神庙去求问。

有一回，苏格拉底的一个朋友到神庙去求问："神啊，有没有比苏格拉底更有智慧的人？"

得到的答复是："没有。"

苏格拉底听了，感到非常奇怪。他一向认为，世界这么大，人生这么短促，自己知道的东西实在太少了。既然如此，神为什么说他是最有智慧的人呢？

为了弄清楚神的真意，他拜访了雅典城里许多以智慧著称的人，包括著名的政治家、学者、诗人和工艺大师。结果他失望地发现，尽管他们这些人的确具备某一方面的知识和才能，但却个个盛气凌人，自以为无所不知。

苏格拉底终于明白了，神的意思是：真正有智慧的人，不仅要具有丰富的学问、出众的才华和高超的技艺，而且更要懂得如何面对无限的世界。任何智者的学问、才华，都是沧海一粟，都是微不足道的，正因为自己懂得自己的无知，而那些自以为是的智者不懂得自己的无知，所以神才说他是最有智慧的人。

在苏格拉底领悟了神谕的含义之后，遇到了一个自以为聪明绝顶的年轻人。于是，苏格拉底便给年轻人出了一个问题："世间是先有蛋还是先有鸡？"

年轻人不假思索地回答："鸡是从蛋里孵出来的，自然是先有蛋啦！"苏格拉底反问道："蛋是鸡下的，没有鸡，蛋从哪里来？"年轻人想了想说："那还是先有鸡！"

"你刚才已经说过，鸡是由蛋孵出来的，没有蛋，鸡从哪儿来？"

年轻人抱怨地说："你怎么提出这样一个怪问题呢？现在我也问你这个同样的问题：你说是先有蛋还是先有鸡？快说吧！"

苏格拉底老老实实地回答说："我不知道。"

年轻人笑了："这样看来，你和我其实差不多啊！"

苏格拉底也笑了："不！你是以不知为知，我是以不知为不知。以不知为知，是无自知之明；以不知为不知，是有自知之明！"

### 至理箴言

知人者智，自知者明；胜人者力，自胜者强。　　——老子

## ❖ 别太把自己当回事

明星走在街上，常碰到影迷索取照片，要求签名。好莱坞喜剧大师梅尔·布鲁克给人签名就签出了笑话。

有一次布鲁克在一家餐厅门口等人，他怕那些经常在影城打转、专找明星的家伙打扰，特地将脸遮起了一大半。可是仍有一位矮小秃顶的男人走近他，眼里充满了恳求的神色，对他说："很抱歉打扰您，能不能请您……"

布鲁克一听立即就打断他："好，好，没问题，快拿纸和笔来。"片刻，矮小秃顶的男人拿了一张纸出现在布鲁克面前。布鲁布说"笔呢？"他狼狈地摸遍口袋也没找到，只好跑进餐厅借了一支笔。这时布鲁克不耐烦地叫着："好了，你叫什么名字？"他有点傻乎乎地呆了一会儿，然后脱口而出："唐，我叫唐！"

布鲁克边说边迅速地写道："给唐。万事皆顺，梅尔·布鲁克。"他签完后，将纸递给了那个人。

唐拿着纸笔仍未离去，半晌吞吞吐吐地对布鲁克说："您实在太好了，但我只是想向您借几枚硬币，去打电话而已。"这时的布鲁克有多窘就不用说了。

### 至理箴言

一种美德的幼芽、蓓蕾，这是最宝贵的美德，是一切道德之母，这就是谦逊；有了这种美德我们会其乐无穷。——加尔多斯

## 骄傲是危险的代名词

从前，有一只水獭和一只天鹅住在一条河上。它们虽然是邻居，但是天鹅很骄傲，它总是夸耀自己长得漂亮、眼力好，能看清很远很远的东西。它认为像水獭这样眼小而又近视的家伙，是不配做它的朋友的。

一天，勤劳的水獭，正在河岸上劳动——放倒树木，准备盖新居。天鹅自由自在地游来游去，一会儿来到了水獭眼前。水獭见天鹅来到眼前，连忙把木头放在地上，停下工作，上前向天鹅问候："您好？天鹅大哥！"

"哦，原来是你呀！你怎么才看见我呀？真是瞎子！"傲慢的天鹅微微点着头说，"你的这对眼睛啊，迟早会送掉你的性命。猎人可以空手把你捉住，活活地装进口袋里去！"

"你的视力的确比我强，看得远，这一点是毫无疑问的。"水獭说，"可是请你听一听，在前边第一道河湾那边，有没有河水拍岸的声音？"

"哪儿？"

"第一道河湾那边。"

"没有，一点儿也没有。别说水溅声，连树林里也没有动静！"

"请你再仔细听一听，"水獭再三地提醒它说，"就在离这这儿很近的地方有没有水溅声？"

"你说哪儿？"

"就在第一道河湾这边。"

"没有，什么也没有。你是在故意说谎，存心捉弄人！"

"我的耳朵对于我来说，就像你的眼睛对于你一样重要。"水獭说,"再见吧,天鹅大哥!"说完,它就钻进水里去了。

"你……你这个瞎子!"天鹅不服气地嘟哝说,"纯粹是胡说八道!我的眼睛能够看到所有将要发生的事情,你的破耳朵岂能和我的眼睛相比!真是岂有此理!"天鹅越想越高傲,正当它得意忘形的时候,坐着筏子划过来的猎人,早已瞄准了天鹅。骄傲的天鹅还没有来得及起飞,就随着"砰"的一声枪响掉进河里去了。

### ■ 至理箴言

一个真认识自己的人,就没法不谦虚。谦虚使人的心缩小,像一个小石卵,虽然小,而极结实。结实才能诚实。 ——老舍

## ◆ 成绩面前也要谦虚

一个老工人正在向班纳德解释如何伐树。他指出:要是你不知道那棵树砍了会落在哪里,就不要去砍它。他说:"树总是朝支撑少的那一方落下,所以你如果想使树朝哪个方向落下,只要削减那一方的支撑便成了。"

班纳德半信半疑。但他知道,稍有差错,他们就可能一边损坏一间昂贵的小屋,另一边损坏一个砖砌车库。

他满心焦虑,在两幢建筑物中间的地上画了一条线。那时还没有链锯,伐树主要是靠腕劲和技巧。老工人朝双手啐了口口水,挥起斧头,向那棵巨松砍去。树身底处粗一米多,而他的年纪看来已六十开外,但臂力十足。

约半小时后,那棵树果然不偏不倚地倒在线上,树梢离开房子很远。班纳德恭贺他砍得如此准确。他有点惊讶,但没说什么。不到一个下午,老工人已将那棵树伐成一堆整齐的圆木,又把树枝劈

成柴薪。

班纳德告诉他，自己绝对不会忘记他的砍树心得。

老工人举起斧头扛在肩上，正要转身离去，却突然说："我们运气好，没有风。永远要提防风。"

### ■至理箴言

谦逊可以使一个战士更美丽。　　　　——奥斯特洛夫斯基

## ◆ 活出真我

秋天来了，树上的叶子一天比一天稀少，天气也逐渐凉下来。一只蝙蝠在飞来飞去，它哭着说冷。鸟中之王——鹰看见了它。

"你为什么哭啊，蝙蝠？"老鹰问道。

"因为我冷。"

"为什么别的鸟不哭呢？"

"它们不冷，因为它们都有羽毛。可是我连一根羽毛也没有。"

老鹰考虑了一下，觉得蝙蝠一片羽毛也没有，确实可怜，于是就让所有的鸟各给蝙蝠一片羽毛。

蝙蝠有了各种鸟儿的羽毛后，显得漂亮极了，每片羽毛颜色都不一样。蝙蝠把翅膀一张，真叫人眼花缭乱。蝙蝠有了这五彩缤纷的羽毛就骄傲起来，每天都盯着自己的羽毛，不理睬别的鸟儿。它老是欣赏着自己的羽毛，自我陶醉着：瞧我有多漂亮！鸟儿都飞到它们的国王老鹰那里去，愤愤不平，向它告状说蝙蝠因为有美丽的羽毛而自夸，跟别的鸟儿连话都不愿意说。国王老鹰把蝙蝠叫了来。"所有的鸟都在告你的状哩，蝙蝠！"鸟王对它说，"听说你拿它们的羽毛来自夸，骄傲得连话都不愿同它们说了，是真的吗？"蝙蝠

说:"它们是出于妒忌说的,因为我比所有的鸟都漂亮得多。你瞧!"蝙蝠张开的两扇翅膀,的确很美丽。

"那么好吧!"老鹰说,"如今让每只鸟把原来给蝙蝠的那片羽毛收回去,既然它这么漂亮,就用不着要别人的羽毛了。"

所有的鸟都扑向蝙蝠,把自己的那片羽毛取了回来。蝙蝠还跟原来一样全身光秃秃的,它感到羞耻,也感到自己太丑了。所以从此以后,它总是夜间才飞出来,免得别的鸟看见它。

■ **至理箴言**

"老实"就是不自欺欺人,做到不欺骗人家容易,不欺骗自己最难。

——徐特立

## 丞相与车夫

丙吉是汉宣帝的丞相,是一位名相。他交友从不计较人的过错,而是宽以待人。他的车夫常常喝酒,而且经常因为喝酒犯错误,但丙吉并没有因为因此而让他离开。这个车夫是边防地区的人,对边防情况非常熟悉。

有一次,车夫外出,遇见了一位传递紧急公文的骑兵,得知匈奴入侵云中、代郡的情报,车夫想,这个情报很重要。他立即回丞相府,报告丙吉。并向丙吉丞相建议:"边疆上的几个郡,恐怕不久就要打仗了。一旦战争爆发,郡里的官员有的老了,有的生病,都不能指挥作战。你是丞相,应该把事情了解清楚,并且要做适当的准备。"丙吉采纳了车夫的建议,找来有关官员把边疆几个郡及主要官员的情况都一一了解清楚,并相应做了部署计划。

有一天,皇帝召集文武大臣上殿议事,问起边境的情况,其他官员因事起仓促，不知道如何回答，皇帝很生气。当他问到丙吉时，丙吉不忙不慌，说得一清二楚，皇帝见他对国家安危如此关心，对他大加称赞。

事后，丙吉对人说："别看我是丞相，如果不把车夫当作朋友看待，哪里能得到皇上的称赞呢？"

■ 至理箴言

无论在什么时候，永远不要以为自己已知道了一切。

——巴甫洛夫

## 平息众怒

1915年，小洛克菲勒还是科罗拉多州一个不起眼的人物。当时发生了美国工业史上最激烈的罢工，并且持续达两年之久。愤怒的矿工要求科罗拉多燃料钢铁公司提高薪水。小洛克菲勒正负责管理这家公司。由于群情激奋，公司的财产遭受破坏，军队前来镇压，因而造成了流血事件，不少罢工工人被射杀。

这种情况下，可说是民怨沸腾。小洛克菲勒后来却赢得了罢工工人的信服，他是怎么做的呢？小洛克菲勒是个有平民思想的人，花了好几个星期结交工人朋友，并向罢工者代表们发表了一次充满人情味的演说。那次演说不但平息了众怒，还为他自己赢得了不少赞誉。

他的演说始终带着诚恳的商量口气："这是我一生当中最值得纪念的日子。因为，这是我第一次有幸能和公司的员工代表见面。我可以告诉你们，我很高兴站在这里，有生之年都不会忘记这次聚会。假如这次聚会提早两个星期，那么，对你们来说，我只是个陌生人，我也只认得少数几张面孔。从上个星期，我有机会拜访整个南区矿场的营地，私下和大部分代表交谈，我还拜访了你们的家庭，与你们的家人见了面，大家谈得很开心，让我懂得了许多道理。因而，今天我站在这里，不算是陌生人，可以说是朋友。基于这份相助的友谊，我很高兴有这个机会和大家讨论我们的共同利益。由于这个会议是由资方和劳工代表组成的，承蒙你们的好意，我得以坐在这里。虽然，我并非股东或劳工，但我深感与你们关系密切。从某种意义上说，我也代表投资方和劳工。"

多么感人的演说，这可能是化敌为友的最恰当的表现形式之一。

■ 至理箴言

推心置腹的谈话就是心灵的展示。　　——温·卡维林

## 被认可的原因

温森特在生活中屡遭挫折，备尝艰辛，他曾在博里纳日做过一段时间的牧师。

博里纳日是个产煤的矿区。在这个地区，几乎所有的男人都下矿井。他们在不断发生事故的危险中干活儿，但工资却低得难以糊口。他们住的是破烂的棚屋，他们的妻子儿女几乎一年到头都在里面忍受着寒冷、疾病和饥饿的煎熬。

这里的人都是"煤黑子"，肥皂在博里纳日人的心目中简直是一种不可企及的奢侈品。

温森特被临时任命为该地的福音传教士时，他住在峡谷下面一所很大的房子里。他和村民一起拿麻袋去装了很多煤渣，在房子里烧起了炉子，以免房子里太寒冷。

温森特登上讲坛，他的讲道是那样诚挚而又充满信心，竟使得这些博里纳日人脸上的忧郁神情渐渐消退了。从他讲道的受欢迎程度来看，博里纳日的人民对他的态度已经没有任何保留了，他们终于相信他了。他作为上帝的牧师，现在已经得到了这些满脸煤黑的人们的充分认可。

是什么原因引起这样的变化呢？不是由于他有了一座新教堂，因为，这对于矿工们来讲，压根儿不算什么。他们不会知道关于对他的传教士职务的任命，因为，他并没有告诉他们在原先那个地方，他是没有正式任命的。而且，虽然他刚才讲道时热情洋溢，措辞优美，但在原来那间简陋的小棚屋里，和那座弃置不用的马厩里，他也是这样讲的啊！

温森特百思不得其解，最后，他回到自己的住处，准备用从布鲁塞尔带来的肥皂洗脸时，脑海中突然闪过一个念头。他跑到镜子前面端详着自己，看见前额的皱纹里、眼皮上、面颊两边和圆圆的大下巴上，都沾满了黑煤灰。

"当然！"他大声说，"这就是他们对我认可的原因，我终于成了他们的自己人了！"

他把手在水里涮了涮,脸连碰都没碰就去睡了。留在博里纳日的日子里,他每天都往脸上涂煤灰,从而使自己看上去和其他人没有两样。

## ■ 至理箴言

当我们是大为谦卑的时候，便是我们最近于伟大的时候。

——泰戈尔

## 第五辑 善良

善良是给人幸福的，也就是给人美、爱情和力量。

——显克微支

### ❖ 善良的回报

在一个小镇上，饥荒让所有贫困的家庭都面临着危机，因为对于他们来说，最起码的温饱问题都难以解决。

小镇上最富有的人要数面包师卡尔了，他是个好心人。为了帮助人们度过饥荒，他把小镇上最穷的20个孩子叫来，对他们说："你们每一个人都可以从篮子里拿一块面包，以后你们每天都在这个时候来，我会一直为你们提供面包，直到你们平安地度过饥荒。"

那些饥饿的孩子争先恐后地去抢篮子里的面包，有的为了能得到一块大点的面包甚至大打出手。他们心里只想着要得到面包，当他们得到的时候，立刻狼吞虎咽地把面包吃完，甚至都没想到要感谢这个好心的面包师。

面包师注意到一个叫格雷奇的小女孩儿，她穿着破旧不堪的衣服，每次都在别人抢完以后，她才到篮子里去拿最后的一小块面包。她总会记得亲吻面包师的手，感谢他为自己提供食物，然后拿着它回家。

面包师想:"她一定是回家和自己的家人一起分享那一小块面包,多么懂事的孩子呀!"

第二天,那些孩子和昨天一样抢夺较大的面包,可怜的格雷奇最后只得到了昨天一半大小的面包,但她仍然很高兴。她亲吻了面包师的手后,拿着面包回家了。到家后,当她妈妈把面包掰开的时候,一个闪耀着光芒的金币从面包里掉了出来。妈妈惊呆了,对格雷奇说:"这肯定是面包师不小心掉进来的,赶快把它送回去吧。"

小女孩儿拿着金币来到了面包师家里,对他说:"先生,我想您一定是不小心把金币掉进了面包里,幸运的是它并没有丢,而是在我的面包里,现在我把它给您送回来了。"

面包师微笑着说:"不,孩子,我是故意把这块金币放进最小的面包里的。我并没有故意想要把它送给你,我希望最文雅的孩子能得到这块金币,是你选择了它,现在这块金币是属于你的了,算是对你的奖赏。希望你永远都能像现在这样知足、文雅地生活,用感恩的心去面对每一件事。回去告诉你的妈妈,这个金币是一个善良文雅的女孩儿应该得到的奖赏。"

### 至理箴言

没有单纯、善良和真实,就没有伟大。——列夫·托尔斯泰

## 救人的哈里森

"当你付出一份善良时,回报你的往往超出一倍。"芬兰籍的外教在给我们讲下面这个故事时说。

在芬兰的一个小渔村里,出海捕鱼的人通常靠一个简单的求救

装置，向设在岸上的接收总台发出求救信号并报出船只遇险的大概位置。救护人员由渔村里不出海的人轮流担任。

一天傍晚，总台的警报灯又亮了，远在几十海里之外的一艘船遇到了危险。依照惯例，这回轮到小伙子哈里森和渔民罗尔素驾船前往营救。

村里的人们把小机动船抬上大船，两人准备出发了，哈里森的老母亲悲痛地拉住儿子的手哭道："孩子，你父亲就是这样去救人死的，你哥哥出海已快半个月了，还不见回来的影子，恐怕已是凶多吉少。昨天又预报今天海上会有风暴，你要是再有个什么三长两短，叫我怎么活呀？"

"妈妈，可怜的妈妈！"年轻的小伙子抹去妈妈的眼泪，然后扭头上了救援船。

哈里森和罗尔素驾船来到距出事地点约20海里的地方，便遇到了风暴，罗尔素说："这个鬼天气去救人，只有找死，咱们还是回去吧。跟村里人就说我们没发现遇险的船只。"说完，罗尔素开始掉转船头。

"不，救人要紧。马上就到出事地点了。为什么不去呢？从前别人不是也在这种情况下救过你吗？"哈里森不同意返回。

"你去死吧，让你妈变成孤寡老人。"罗尔素诅咒道。

哈里森放下大船上的小机动船，独自驾着小船向出事地点赶去。

两天后，前去救人的大船破败不堪地被海潮送回渔村旁的海边，船上空无一人。哈里森的老母亲得到救援船出事的噩耗，顿时昏了过去。

3天后，奇迹出现了：一艘小船从晨雾中向渔村驶来，船头站立着一个人，极像哈里森。"是哈里森吗？"村里人高兴地大声喊道。

"噢——是我，哈里森。"回答让人无比高兴。

"谢天谢地，这下哈里森的母亲有救了。"人们高兴地议论着。

"喂，请快去告诉我妈妈，"哈里森在船头兴奋地舞动着衣服说，"遇险的那艘船是我哥哥他们的，我救回了我哥哥。"

**至理箴言**

善良是给人幸福的，也就是给人美、爱情和力量。

——显克微支

## ❖ 关照别人就是关照自己

美国的石油大王哈默蜚声世界，各大报社都竞相采访他，想借此提高报纸的声誉与卖点。

这天哈默接受了一家名不见经传的小报记者的采访，哈默同意回答他的一个问题。这个记者问了他一个最敏感的话题："为什么前一阵子阁下对东欧国家的石油输出量减少了，而你最大对手的石油输出量却略有增加？这似乎与阁下现在的石油大王身份不相符。"

哈默依旧不愠不火，平静地回答："关照别人就是关照自己。那些想在竞争中出人头地的人如果知道关照别人需要的只是一点点理解与大度，却能赢来意想不到的收获，那他们一定会后悔不迭。关照是一种最有力量的方式，也是一条最好的'路'。"

小报记者以为哈默只是在故弄玄虚，敷衍自己。当然，那次采访也没有收到预期的结果，他一直耿耿于怀，对哈默那番不着边际的话更是迷惑不解。

然而，这确实是哈默的切实感受，在哈默成为石油大王之前，他曾是个不幸的逃难者。有一年的冬天，年轻的哈默随一群同伴流亡到美国南部一个名叫沃尔逊的小镇上，在那里，他认识了善良的镇长杰克逊。可以说杰克逊对哈默的成功起了不可估量的作用。

那天，冬雨霏霏，镇长门前的花圃旁的小路成了一片泥沼。于是，行人就从花圃里穿过，弄得花圃一片狼藉。哈默也替镇长痛惜，便一个人站在寒雨中看护花圃，让行人从泥沼中穿行。这时出去半天的镇长笑意盈盈地挑着一担炉渣铺在泥沼里。

结果，再也没有人从花圃里穿过了。最后，镇长意味深长地对哈默说，"你看，关照别人就是关照自己，有什么不好？"

### ■ 至理箴言

做一个善良的人，为群众谋幸福。　　　　　——高尔基

## ◆ 无可奉告

一家外商独资企业高薪招聘技术总监，考卷里面有这么一道题："您所在的企业或曾任职过的企业经营成功的诀窍是什么？技术秘密是什么？"

很多应聘者为了展示自己有才华，奋笔疾书，洋洋洒洒，将考卷答得满满的。

唯独一位从工厂下岗的高工，手中的笔迟迟落不下去。多年的职业道德在约束着他：厂里还在惨淡经营，数百名职工还要吃饭，我怎能为了自己的饭碗而砸大家的饭碗呢？他思前想后，最后挥笔在考卷上写下四个大字：无可奉告！

招聘的结果出乎意料，高工被外资企业聘用，而且签订终身合同。因为那道考题考的就是人的道德和气节。任何时候、任何单位，都不会录用"卖主求荣"的小聪明者，也就是小人。

### ■ 至理箴言

老老实实最能打动人心。　　　　　　　　——莎士比亚

## ◆ 天使正在注视我

肯特·基恩是英国牛津大学著名心理学教授，他的学术成果曾多次获过国际大奖。2001年9月，他应邀到中国一所少年管教所演讲，他讲了下面一段话：

小时候，我是一个捣蛋、不爱学习又极爱报复人的孩子。无论在家里还是在学校，父母、老师、兄弟和同学都极其厌恶我。然而，我在心里渴望着大家的关爱，就像人们渴望上帝的祝福一样。我一个人独处的时候常常默默祈祷：上帝啊，赐我善良，赐我宽厚，赐我智慧吧。

我也想如卡尔列一样成为同学们的榜样。可是，上帝正患耳疾，我的祈祷没有一句应验。我依然是个令人生厌的坏孩子，甚至因为我，没有老师愿意带我们这个班。

三年级的第一学期，学校里来了一位新老师，她就是年轻的玛丽娅小姐。玛丽娅小姐刚一站到讲台上，整个班都沸腾了，她太漂亮了！我带头吹口哨、飞吻、往空中扔书本，好多男生跟我学，我们的吵闹声几乎要把房顶掀开。

玛丽娅小姐没有像其他老师那样大声叫嚷："安静！安静！"她始终面带微笑地望着我们。奇怪，这样我反而感到很无聊，于是，我打了一个手势，大家立即停止了胡闹。玛丽娅小姐开始自我介绍，当她转身想把自己的名字写到黑板上时，才发现讲桌上没有粉笔。我注意到她的眉头皱了一下，很快又舒展了。我心想，糟了，她肯定识破了我们的把戏。但是，玛丽娅小姐却转过身来问："谁愿意替老师去拿盒粉笔？"刚刚平静下来的沸腾又开始了，怪声怪气的笑声再次淹没了整个教室，好多男生争着去干这件事。

玛丽娅小姐请大家不要争,她会挑一个很合适的人选。玛丽娅走下讲台,仔细查看了每一个人,最后她说:"基恩,你去吧。"我说:"为什么是我?"

"因为我看得出你很热情、灵活,又具号召力,我相信你会把事情做得很好。"她说。

我热情?我灵活?我具有号召力?我竟然有这么多优点?玛丽娅一眼就看出了我的优点!要知道,在此之前从未有人说过我哪怕一点点的好处,甚至我自己也认为我是一个被上帝抛弃的孩子。

我很快取回一盒粉笔,因为它就藏在教室后面的草丛里。当我正要把粉笔递给玛丽娅小姐时,我发现我的手指甲缝里存满了污垢,衬衣袖口开了线,裤腿上溅满了泥点,更糟糕的是我的五个脚趾全从破了口的鞋子里露出了头。我很不好意思,可玛丽娅小姐一点儿也不在意这些,她接粉笔的时候给了我一个天使般的微笑。玛丽娅就是上帝派来的天使。

从此,我决定做一个上进、体面的人,因为我知道,天使正在注视着我。

■ 至理箴言

　　在世界上,一切都不过暂时的存在,终于都是要死的。除开善良——心肠的善良之外。
　　　　　　　　　　　　　　　　　　　　——德莱塞

## ❖ 您也吻我一下

一个女孩儿去教授家请教几个问题,发现门是虚掩着的,于是她轻轻地推开,结果看到了这样一幕:教授正拥吻着一个女孩子,而那个女孩子是他的学生。

看到这个不期而至的女孩儿，教授不知所措了。这时候，女孩却一脸笑容地说："教授，我也是您的学生，您可不能偏心哟，您也吻我一下好吗？"教授马上清醒过来，他轻轻地拥抱了女孩并吻了一下她的额头。那一刻，教授眼里湿湿的。

女孩毕业那年，教授寄给她一张贺卡，上面这样写着：我永远感激你的善良和智慧，是你拯救了我。

■ **至理箴言**

　　善良的心地，就是黄金。　　　　　　　　——莎士比亚

## ◆ 日行一善

　　卡罗斯·古铁雷斯这个名字现在已经成为"美国梦"的代名词，然而，世人很少知道古铁雷斯成功背后的故事。

　　古铁雷斯拥有一个无忧无虑的童年，衣来伸手、饭来张口的富庶生活使他不知道什么是饥饿。然而7岁时，当地的一场革命使他失去了拥有的一切。他和家人被迫背井离乡，举家搬迁到了美国的迈阿密，家里一贫如洗，难以维持生计。

　　由于贫穷，为了赚得一块面包，古铁雷斯15岁就不得不跟随父亲外出打工。每次出门前，父亲都这样告诫他："只要有人答应教你英语，并给一顿饭吃，你就留在那儿给人家干活。"

　　小古铁雷斯是以在海边小饭馆里做服务生开始他的职业生涯的。他聪明机灵，干活勤快，老板很欣赏这个能干的小伙子。在饭馆工作了一段时间后，在老板的推荐下，古铁雷斯获得了他的第二份工作——在一家食品公司做推销员兼货车司机。

　　临去上班时，父亲告诉他："我们祖上有一则遗训，叫做'日行

一善'。在家乡时，父辈们之所以成就了那么大的家业，都得益于这四个字。现在你要到外面去闯荡了，最好能记着。"

从此，古铁雷斯把"日行一善"牢记心中，并且身体力行。

当他开着货车把燕麦片送到大街小巷的夫妻店时，他总是做一些力所能及的善事，比如帮店主把一封信带到另一个城市；让放学的孩子顺便搭一下他的车。就这样，他乐呵呵地干了4年，个人的推销量也上升到了佛罗里达州总销售量的40%。

第五年，他接到总部的一份通知，要他去墨西哥，统管拉丁美洲的营销业务。

后来，他打开拉丁美洲的市场后，又被派到加拿大和亚太地区；1999年，他被调回了美国总部，任首席执行官。就在他被美国猎头公司列入可口可乐、高露洁等世界性大公司首席执行官的候选人时，美国总统布什在竞选连任成功后宣布，提名卡罗斯·古铁雷斯出任下一届政府的商务部部长。

这正是他的名字。

## ■ 至理箴言

与其说是为了爱别人而行善，不如说是为了尊敬自己。

——福楼拜

## ◆ 送给母亲的礼物

森林被皑皑白雪覆盖着，寒风从松树间呼啸而过。汉森太太和她的3个孩子围坐在火堆旁，她倾听着孩子们说笑，试图驱散自己心头的愁云。

一年多来，她一直用自己无力的双手努力支撑着家，但日子一直很艰难，正在烧烤的那条青鱼是他们最后的一顿食物。当她看着孩子们的时候，凄苦、无助的内心充满了焦虑。

几年前，死神带走了她的丈夫。她可怜的孩子杰克离开森林中的家去遥远的海边寻找财富，却再也没有回来。但直到这时她都没有绝望。她不仅供应自己孩子的吃穿，还总是帮助穷困无助的人。虽然，她的日子过得也很艰难，但她相信在上帝紧锁的眉头后面，有一张微笑的脸！

这时，门口响起了轻轻的敲门声和嘈杂的狗吠声。小儿子约翰跑过去开门，门口出现了一位疲惫的旅人，他衣冠不整，看得出他走了很长的路。陌生人走进来，想借宿一晚，并要一口吃的。他说："我已经有一天没吃过东西了。"这让汉森太太想起了她的杰克，她没有犹豫，把自己剩余的食物分了一些给这位陌生人。

当陌生人看到只有这么一点点食物时，他抬起头惊讶地看着汉森太太，"这是你们所有的东西？"他问道，"而且，还把它分给不认识的人？你把最后的一口食物分给一位陌生人，不是太委屈你的孩子了吗？"

她说："我们不会因为一个善行而被抛弃或承受更深重的苦难。"泪水顺着她的脸庞滑下，"我亲爱的儿子杰克，如果上帝没有把他带走，他一定在世界的某个角落。我这样对待你，希望别人也这样对待他。今晚，我的儿子也许在外流浪，像你一样穷困，要是他能被一个家庭收留，哪怕这个家庭和我的家一样破旧，他一样会感到无比温暖的。"

陌生人从椅子上跳起，双手抱住了她，说道："上帝真的让一个家庭收留了你的儿子，而且，让他找到了财富。哦！妈妈，我是你的杰克。"

他就是她那杳无音讯的儿子，从遥远的国度回来了，想给家人一个惊喜。的确，这是上帝给这个善良的母亲最好的礼物。

### ▎至理箴言

希望被人爱的人，首先要爱别人，同时要使自己可爱。

——富兰克林

## ❖ 林肯的为人

美国总统林肯少年时期家境贫穷，没有读多少书，在一家杂货店做店员。

有一天，店里走进了一个衣衫褴褛的人，手中拿着一个破旧不堪的桶，桶里装了一些不值钱的旧杂物。那人对林肯说："麻烦您行行好，我急需钱，我这些东西能不能卖给你？我只要50美分就可以了。"

林肯看了看桶里的东西，都是些不值钱的废弃物，于是摇了摇头。

那人急得满头大汗，再三恳求林肯帮忙，林肯经不起对方的恳求，也见对方确实需要帮助，只好勉为其难地答应了，但又担心老板回来后会责骂他，只好自掏腰包用自己微薄的薪水买下。

林肯下班回家后，将破桶内的东西全倒了出来，准备拿出去丢掉，却在无意中发现了一本破旧的法律书，在没有什么事好做的情况下，他翻阅了起来，从此对法律产生了兴趣。

因为这本书，加上他自己不断的努力，林肯后来成为律师，并做了美国总统，完成了解放黑奴的历史使命。

### ▎至理箴言

凡真心尝试助人者，没有不帮到自己的。　　——佚名

## ◆ 快乐的原因

有个寡妇去找牧师,因为感恩节时她将孤独一人。

牧师说:"我给你开一个药方。"他写下一对年迈且贫穷的夫妇的姓名和地址递给她。"这些人比你可怜得多,"牧师直率地说,"去帮他们做点事。"

这位妇女咕哝着离去了。但第二天,她真叫了辆出租车找到了那对夫妇。这对老夫妇住在极狭小的公寓里,身体虚弱得连饭都没法做。于是,她决定为他们准备节日晚餐。等下周再次见到牧师时,这位妇女走路时的步伐特别有劲。她对牧师说:"我好长时间没做过火鸡了,我买到了所有的配菜,五点钟就起床烹调,这是我几年来过得最好的感恩节。"

### ■ 至理箴言

当我们爱别人的时候,生活是美好、快乐的。

——列夫·托尔斯泰

## ◆ 给予实际的帮助

有一天,玛丽坐在游泳池附近,忽然听到人声嘈杂,再一看,池水深处有个人忽沉忽浮。这时,一个男人跑到游泳池边上,大声叫:"屏住气!屏住气!"一个女人也跑到池边上,狂喊:"躺在水上,浮着!"他们的喊声引起了救生员的注意,他奔到游泳池的尽头,"扑通"一声跳下去,把那遇险的男子救了上来。救生员后来对玛丽说:"天晓得,怎么没有人叫救命?人都快淹死了,还教他游泳!"

救生员的这句话对她很有启发,几个星期后,玛丽参观一所学校的餐厅,她见到一个衣衫褴褛的小女孩走近餐桌,盘子里的牛奶突然被打翻了。有人跑上前去把洒出来的牛奶擦掉。一位教师告诉她,拿东西时应该小心一点,有几个同学更嘲笑她笨手笨脚。可怜那小女孩似乎不知怎么办好,只是站在那里发呆,一句话都说不出来。玛丽想起那句话,心想:她可能没有钱再买牛奶。于是,玛丽走过去,买了瓶牛奶放在她的盘子里。她立刻露出如释重负和感激的表情,玛丽知道自己猜对了。

**至理箴言**

怜悯你的人不是朋友,帮助你的人才是朋友。——佚名

## ❖ 第一百个客人

中午高峰时间过去了,原本拥挤的小吃店,客人都已散去,老板正要喘口气翻阅报纸,有人走了进来。那是一位老奶奶和一个小男孩。

"牛肉汤饭一碗要多少钱呢?"奶奶坐下来拿出钱袋数了数,要了一碗汤饭。热气腾腾的汤饭端上来了,奶奶将碗推到孙子面前,小男孩吞了吞口水望着奶奶说:

"奶奶,您真的吃过午饭了吗?"

"当然了。"奶奶含着一块萝卜泡菜慢慢咀嚼。一晃眼功夫,小男孩就把一碗饭吃了个精光。

老板看到这幅景象，说："老太太，恭喜您，您今天运气真好，您是我们的第一百个客人，所以免费。"

一个多月后的某一天．无意间望向窗外的老板看见一个小男孩蹲在小吃店对面像在数着什么东西。

原来那个小男孩每看到一个客人走进店里，就把小石子放进他画的圈圈里，但是午餐时间都快过去了，小石子却连50个都不到。

心急如焚的老板打电话给所有的老顾客："很忙吗？没什么事，我要你来吃碗汤饭，今天我请客。"客人开始一个接一个到来。

"八十一，八十二，八十三……"小男孩数得越来越快了。终于当第九十九个小石子被放进圈圈的那一刻，小男孩匆忙拉着奶奶的手进了小吃店。

"奶奶，这一次换我请客了。"小男孩有些得意地说。

真正成为第一百个客人的奶奶，让孙子招待了一碗热腾腾的牛肉汤饭。而小男孩就像之前奶奶一样，含了块萝卜泡菜在口中咀嚼着。

### 至理箴言

只要还有能力帮助别人，就没有权力袖手旁观。

——罗曼·罗兰

## 爱心前行

纽约一家幼儿园公开招聘园长，优厚的待遇引来了众多的报名者，其中包括专攻幼儿心理的女研究生和多名女白领，然而，最终经考核被录取的却不是她们，而是一个扎着小辫的文静姑娘，她叫丽莎。

让我们来看最后一轮面试吧！

面试地点设在三楼，二楼楼梯拐角处有个拖着鼻涕、脏兮兮的小男孩，正泪汪汪地站在那儿盼望着什么。当一个又一个的应聘者穿梭在长长的楼梯间去面试时，只有丽莎在小男孩面前停了下来。"别哭，是不是找不着妈妈了？"她掏出手帕给孩子擦了擦鼻涕，亲切地对他说，"别哭，等我一小会儿，姐姐去去就来，帮你找妈妈！"

请再看下面的情节：

众多的应聘者面试完后，下楼时都对小男孩视若无睹，唯有丽莎抱起脏兮兮的小男孩，像哄自己的亲弟弟，认真地给他唱歌，投入地给他讲故事。这一切，都被摄入了早已架设好的摄像机里！

应聘者当然都没有想到，这个小男孩原来是幼儿园特意安排的！

当老园长宣布丽莎被录用，并播放了之前的录像时，所有的应聘者都恍然大悟，羞愧不已……

■ 至理箴言

　　对于我来说，生命的意义在于设身处地地替人着想，忧他人之忧，乐他人之乐。

——爱因斯坦

## ❖ 帮助别人的回报

某工厂想要招聘一批工人，许多人闻讯赶来。考核还没开始，外面就淅淅沥沥地下起了小雨。这时，正在急着装车的工人进来向招聘负责人求援。负责人请前来应聘的众人去仓库帮忙装车，大家便呼啦啦地跟着过去，很卖力气地帮着装起车来。

不大一会儿，厂长来到仓库，问哪来的那么多帮忙的人，招聘负责人就如实相告。厂长转身大声训斥道："怎么搞的，不是说过了，过一段时间再招工吗！"

正在热火朝天地帮着装车的人们一听，不少人立刻就火了："这不是逗人玩儿吗？不干了。"说着便愤愤地扔下手中的货箱，一窝蜂地往外走去，这时，天空中还下着雨，负责招聘的人看着大堆等待装车的货物，请大伙留下来帮着装车并许以报酬，结果只有一个人在大伙的讥笑中留了下来。

货装完了，那个人没领报酬就往回走。这时，负责招聘的人过来握住他的手："祝贺你通过了考核，你被聘用了。"

那人一愣，迎面碰上了厂长赞许的目光和肯定的点头。

### 至理箴言

怜悯使世界对弱者变得温和，使强者变得高尚。

——埃·阿诺德

## ❖ 儿子的残疾朋友

一个士兵打完仗回到国内，回家之前给父母打了一个电话："爸爸，妈妈，我要回家了。但我有一个小小的请求，希望你们能够答应。"

"你说，是什么？只要不过分，我们就一定答应。"父亲在电话里说道。

"是这样，我有一个战友，我们很要好，我想把他带回家跟我们一起生活。"

"当然可以。"父母回答道，"我们见到他会很高兴的。"

"但有件事我必须提前告诉您，就是我们在一次执行上级交给我们任务的时候，他不小心被地雷给炸伤了，失去了一只胳膊和一条腿。"儿子又说道。

"听到这件事我感到很遗憾,孩子,也许我们可以帮他另找一个地方住下。"父亲用比较含蓄的口吻说道。"不,我希望他和我们住在一起。"儿子坚持。

"孩子,"父亲说,"你不知道你在说些什么,这样一个残疾人将会给我们生活带来沉重的负担,我们不能让这种事干扰我们。我想你还是快点回家来,把这个人给忘掉,他自己会找到活路的……"没等父亲说完话,儿子挂上了电话。

过了几天,父母接到旧金山警察局打来的一个电话,被告知,他们的儿子从高楼上坠地而死,警察局认为是自杀。悲痛欲绝的父母飞往旧金山,他们惊愕地发现,他们的儿子只有一只胳膊和一条腿。

■ 至理箴言

谁对别人如果没有同情心,他自己也不会得到怜悯。——萨迪

## ❖ 每一步都是生命

一次,我受邀去一个军事基地演讲,来机场接我的士兵叫拉尔。

我和拉尔一起去取行李,在这很短的路程里,拉尔先后离开我3次:第一次是为了帮一位老奶奶拎箱子;第二次是为了让两个小孩子看见圣诞老人,把他们举起来;第三次是为一个人指路。每次看见他帮完别人回来的时候,脸上都挂着微笑。

我很好奇地看着他问:"是谁教你要这么做的?"

拉尔说:"是战争。"然后他讲述了自己在越南的经历。

在越南的战争中他是专门负责排雷的。他亲眼看到几个亲密的战友一个个地倒下。"我要学会一步一步地生活,因为我永远也不知道自己会不会成为下一个倒下的人,因此,我必须充分利用每次抬

脚和落脚之间的间隙。我感觉到每一步都像是我的生命。"他很淡然地说着。

### ▌至理箴言

　　受惠的人，必须把那恩惠常藏心底，但是施恩的人则不可记住它。
　　　　　　　　　　　　　　　　　　　　　　　　——西塞罗

## ❖ 嫉妒的结果

　　在一个城市里，有一个洗衣工和一个陶匠，各自辛苦经营自己的事业。他俩是邻居，年轻时候，还是要好的朋友。陶匠一直没有交上好运，而洗衣工的日子越过越红火。陶匠便生出了嫉妒心，再也不和洗衣工说话了，而且怎么看洗衣工怎么别扭。每到晚上，他躺在床上伸出拳头在黑暗中摇晃，嘟嘟哝哝地自言自语："他怎么就一天天越来越富，我有手艺，也有干劲，怎么却越来越穷哩。"到最后，他忽然想起一个叫洗衣工家破人亡的计划。

　　第二天早晨，他在街上选好一个显眼的地点站住，而这条路是国王骑象必经之地。看到国王来了，陶匠就大声喊道："瞧啊，咱们伟大的国王骑在一头黑不溜秋的象上！特别是它本来可以请洗衣工师傅给洗干净的哟！"

　　凑巧这国王又是个没有头脑的人，他马上勒住大象，停下来问道："我的好百姓，你的意见的确不错。但不知这个能把黑象洗白的洗衣工师傅，到哪儿才能找到呀？"

　　"我的皇上，"陶匠回答道，"肥皂和碱面的种类很多，只有洗衣师傅才明白它们的性能。一个手艺高明的洗衣工，用上一种特殊的肥皂和一种特殊的碱面他是能够把皇上的大象洗白的。陛下，您不用担心,我认识一个洗衣工师傅他就能干这工作。他恰巧就是我的邻居。"国王听了十分高兴,取下红宝石戒指奖给陶匠。

国王想到他将有一头白象了,心里十分兴奋,便调转象头,回了宫殿。他立即叫人请来洗衣工,说:"现在,你把这头象牵去洗吧,7天后要给我牵回一头白象。"洗衣工是个机灵人,一下子便明白了准是那个陶匠在国王面前捣的鬼。正当他迟疑时,国王变得不耐烦起来,威胁说:"洗衣工,你小子怎么这么不痛快呢?你不想保住你的脑袋吗?"

"我的皇上,"洗衣工回答,"能给您洗大象,对我来说是无上的光荣,也是无穷的快乐;不过,我在考虑,得有一个能盛得下这象的大盆呐。"国王一听这话有道理,立刻同意了洗衣工的要求,把陶匠召到面前,命令他做个大盆,要大得能把大象装进去洗。

嫉妒心重的陶匠不得不花许多日子去做大盆。好不容易,盆做出来了。洗衣工把大象往盆里赶,可是象脚刚踏进盆里,盆就被压成碎片。"陶匠,"国王命令说,"把盆做厚点。"但不管多厚,大象一踩,就马上裂成碎片。就这样不停地做下去,陶匠最终倾家荡产,心脏破裂而死。

■ 至理箴言

　　嫉妒是一种恨,这种恨使人对他人的幸福感到痛苦,对他人的灾殃感到快乐。　　　　　　　　——斯宾诺莎

## 上帝送的袜子

晚上十一点了,圣诞节即将到来,每个人都赶着回家和家人团聚,熙攘的街道渐渐没了人,整个城市都陷入浓浓的节日氛围里。

史密斯夫妇送走了来鞋店里购物的最后一位顾客,忙碌一天的

他们由衷地感叹道："感谢上帝，今天的生意真不错！"

夫妻二人眉宇间那锁不住的激动与喜悦，让整个圣诞夜的气氛更加浓厚。已经到打烊时间了，夫妻俩开始做店内的清扫，史密斯先生准备去上门板。当他经过玻璃橱窗前，他发现一个孩子正紧紧地盯着橱窗。

史密斯先生急忙走过去，那是一个捡煤屑的穷小子，八九岁的样子，衣衫褴褛，穿着一双极不合适的大鞋子，满是煤灰，已经千疮百孔的鞋子里那双脚已经冻得通红。当史密斯先生走近他的时候，他立刻收回了他的目光，站在那里，看着这位鞋店的老板，眼睛里有一种莫名的希冀。

史密斯先生俯下身子和蔼地说："我亲爱的孩子，圣诞快乐，请问我能帮你什么忙吗？"

男孩没有说话，目光重新转向橱柜里的鞋子，过了半天答道："我……我只是在祈求上帝赐给我一双合适的鞋子，您能把我的愿望转告给上帝吗？先生，我会非常感谢您的。"

正在收拾东西的史密斯夫人这时也走了过来，她打量了一番面前的孩子，然后拉丈夫到一边说："这孩子这么可怜的，还是答应他的要求吧！"史密斯先生却摇了摇头说："亲爱的，他需要的不是一双鞋子，请你把橱柜里最好的棉袜拿来一双，然后再端来一盆温水，好吗？"

史密斯夫人满脸疑惑地去拿棉袜了。

史密斯先生则来到男孩的面前说："孩子，告诉你一个好消息，刚才我已经把你的想法告诉了上帝，他马上就会有答案了。"

孩子的脸上立刻漾出兴奋的笑容。

史密斯夫人端来水，史密斯先生搬了张小凳子让孩子坐下，然后脱去男孩脚上那双布满尘垢的鞋子，把男孩冻得发紫的双脚放进温水里，揉搓着，语重心长地说："孩子呀，真对不起，你要一双鞋子的要求，上帝没有答应你，他说，不能给你一双鞋子，而应当给你一双袜子。"

男孩脸上的笑容突然僵住了，失望的眼神充满不解。

史密斯先生急忙补充说："别急，孩子，你听我把话说完，我们每个人都会对心中的上帝有所祈求，但他不可能给予我们现成的果实，就像在我们生命的果园里，每个人都追求果实累累，但是上帝只能给我们一粒种子，只有把这粒种子播进土壤里，精心去呵护，它才能开出美丽的花朵，到了秋天才能收获丰硕的果实。也就像每个人都追求宝藏，但是上帝只能给我们一把铁锹或一张藏宝图，要想获得真正的宝藏还需要我们亲自去挖掘。关键是自己要坚信自己能办到，前途才会一片光明。就拿我来说吧，我在小时候也曾祈求上帝赐予我一家鞋店，而上帝只给了我一套做鞋的工具，但我始终相信拿着这套工具并好好利用它，就一定能获得一切。20年的时间，我做过擦鞋童、学徒、修鞋匠、皮鞋设计师……现在，我不仅拥有了这条大街上最豪华的鞋店，而且拥有了一个美丽的妻子和幸福的家庭。孩子，你也是一样，只要你拿着这双袜子去寻找你梦想的鞋，那么，肯定有一天，你也会成功的。另外，上帝还让我特别叮嘱你：他给你的东西比任何人都丰厚，只要你不怕失败，不怕付出！"

男孩的脚洗干净了，他接过史密斯夫妇手中那双"上帝"赐予他的袜子，像是接住了一份使命，若有所悟地迈出店门。他回头望了望这家鞋店，史密斯夫妇正向他挥手："记住上帝的话，孩子！你会成功的，我们等着你的好消息！"男孩一边点着头，一边迈着轻快的步子离开了。

30多年过去了，又是一个圣诞节，年逾古稀的史密斯夫妇早晨一开门，就收到了一封陌生人的来信，信中写道：

尊敬的先生和夫人：

你们还记得30多年前那个圣诞节夜，那个捡煤屑的小伙子吗？他当时祈求上帝赐予他一双鞋子，但是上帝没有给他鞋子，而是送给他一番比黄金还贵重的话和一双袜子。正是这双袜子让他懂得了生命中的自信与不屈！这样的帮助比任何同情的施舍都重要，给人一双袜子，让他自己去寻找梦想的鞋子，这是你们的伟大智慧。衷心地感谢你们，善良而智慧的先生和夫人，他拿着你们给的袜子已经找到了对他而言最宝贵的鞋子。

■ **至理箴言**

　　青春是有限的，智慧是无穷的，趁短暂的青春，去学习无穷的智慧。

　　　　　　　　　　　　　　　　　　　　——高尔基

## ❖ 阿里的老师

　　那个年代的留美学生，暑假打工是唯一能延续求学的方式。仗着身强体壮，阿里找了份高薪的伐木工作。在科罗拉多州，工头替他安排了一个伙伴：一个硕壮的老黑人，有60多岁了，大伙儿叫他瑟斯。他从不叫阿里名字，整个夏天，在他那厚唇间，阿里的名字成了"我的孩子"。刚开始的时候，阿里还有些害怕接近他，后来因为工作的关系开始接近他。阿里发现，在强悍的外表下，老人有着一颗温柔而包容的心。阿里开始喜欢这个老黑人，在那个暑假里，他成为阿里一生中难以忘怀的长者。老人带领着这个年轻无知的灵魂，看清了这个世界。

　　有一天早晨，阿里的额头被卡车顶杆撞了个大包，中午的时候，他的大拇指又被工具砸伤了，而他还要在午后的烈日下继续工作，挥汗砍伐树木。

　　瑟斯走近阿里时，阿里摇头抱怨着："今天真是倒霉又痛苦的一天。"瑟斯温柔地指了指太阳："孩子，不要怕，就算再痛苦的一天，那玩意儿，也会有下山的一刻。当它成为回忆，便不会有倒霉和痛苦了。"这位和蔼的老黑人给他上了生命的第一课——勇敢面对，一切都会过去的。

有一次，两个工人不知道为什么争吵起来，眼看着就要动手了，瑟斯走了过去，在两个人的耳边轻声说了几句话，两个人分开了，还很快握手言和了。阿里好奇地问瑟斯对他们施了什么"咒语"，瑟斯说："我只是告诉他俩他们现在正好都站在地狱的边缘，快退后一步。"

每天午餐的时候，瑟斯总是喜欢夹一条长长的面包走过来，让阿里掰一半吃。有一次，阿里开口谢谢他的时候，他耸耸肩笑道："他们总是把面包做成长长的一条，我想应该是方便和别人分享，才好吃吧。"从此，阿里的午餐多了一块面包，肚子更饱，心也更温暖了。

工人们都是大老粗，没事的时候总是满嘴粗话，刻薄地叫骂着同事以取乐，然而瑟斯总是很温柔地说着话。阿里问他为什么，他说："如果人们能学会把白天说的话，在夜深人静时再咀嚼一遍，那么他们便会明白，其实说一些柔软而甜蜜的话要比骂人好很多。"阿里保持着这个习惯直到今天。

有一天，瑟斯拿了份文件让阿里帮他读一读，他咧着嘴笑着说："我不识字。"阿里很仔细地帮他读完文件，顺口问他，为什么他不识字，还会懂那么深奥的道理。这位黝黑粗壮的老人，仰望着天说道："孩子，上帝知道不是每个人都能识字，除了圣经，他也把真理写在天地之中，你能呼吸，就能读它。"

■ **至理箴言**

　　智慧只能在真理中发现。

——歌德

## 第六辑 宽容

一个伟大的人有两颗心：一颗心流血，一颗心宽容。
——纪伯伦

## ◆ 第二次饶恕

在17世纪的时候，丹麦和瑞典发生了战争。激烈的战争后，丹麦打了胜仗，丹麦的一个士兵坐下来，正准备取出水壶喝一些水，这时候突然听到哀吟声，他看到不远处躺着一个受了重伤的瑞典人，双眼紧盯着他手中的水壶。

丹麦士兵站起来走了过去，把手中的水壶递到那个瑞典人的口中，说："你的需要比我大。"但瑞典人并没有接受他的好意，竟然伸出长矛刺向他，幸好丹麦士兵偏了一边，只伤到他的手臂。

丹麦士兵生气地说："你竟然如此回报我。我原来要整壶水给你喝，现在只能给你一半了。"

后来国王知道了这件事情，特别召见了这位丹麦士兵，问他为什么不把那个忘恩负义的家伙杀掉时，士兵轻松地回答："我不想杀受伤的人。"

**▍至理箴言**

　　最高贵的复仇是宽容。　　　　　　　　　　　　　　——雨果

## ❖ 高尚的人

　　很久以前有个国王，他有3个儿子，每个儿子都很优秀，他不知道自己该把王位传给哪个儿子，于是，他想要同时考验一下他们三个。

　　一天，国王把三个儿子叫到跟前说："我老了，决定把王位传给你们三兄弟中的一个，但我希望你们三个都要到外面去游历一年。一年后回来告诉我，在这一年里，你们所做过的最高尚的事。最后真正做过高尚事情的人，才能继承我的王位。"

　　三个儿子都出去游历了一年，一年后，他们回到了国王的面前，汇报他们这一年来在外面的收获。

　　大儿子首先说："这一年中，我曾经遇到一个陌生人，他十分信任我，并让我帮忙把他的一袋金币交给他住在另一镇上的儿子，我把金币原封不动地交给了他的儿子。"

　　国王说："你做得很对，但诚实是做人应有的品德，称不上高尚的事情。"

　　二儿子接着说："我到了一个村庄，刚好碰上一伙强盗打劫，于是，我就冲上去帮村民们赶走了强盗，保护了他们的财产。"

　　国王说："你做得也很好，但救人是你的责任，也称不上是高尚的事情。"

　　轮到三儿子了，他迟疑了片刻地说："我没有做高尚的事情。只是有一个仇人，他千方百计地想陷害我，有好几次，我差点就死在他的手上。在旅行中的一个夜晚，我独自骑马走在悬崖边，发现那

个仇人正睡在一棵大树下，我只要轻轻地一推，他就掉下悬崖摔死了。但我没有这样做，而是叫醒了他，告诉他睡在这里很危险，并劝告他继续赶路。后来，当我下马准备过一条河时，一只老虎突然从旁边的树林里蹿出来扑向我，就在我已经绝望的时候，我的仇人从后面赶过来，一刀结果了老虎的命。我问他为什么要救我的命，他说'是你先救了我，你的仁爱化解了我的仇恨。'这实在是不算什么高尚的事。"

国王严肃地说："不，孩子，能帮助自己的仇人，是一件高尚而神圣的事。孩子，我把王位传给你。"

### 至理箴言

一个伟大的人有两颗心：一颗心流血，一颗心宽容。

——纪伯伦

## 爱是宽容

第二次世界大战的时候，一支部队在森林中与敌军相遇，两军激战后，两名战士与部队失去了联系，很巧的是，这两名战士来自同一个小镇。两个人互相激励，在森林中艰难跋涉了十多天。他们以最快的速度追赶部队，却仍然没有联系上部队。就在两个人已经快断粮的时候，他们打死了一只鹿，于是，他们依靠鹿肉又艰难度过几天。而战争使动物四散奔逃已无踪影，从那以后，他们再也没看到过任何动物。他们的食物也仅剩下一点鹿肉，年轻的战士将它背在身上。

一天，他们两人在森林中遇见了敌人，经过激战，他们巧妙地避开了敌人。而就当他们认为已经安全的时候，只听一声枪响，走在前面的年轻战士中了一枪，幸亏只伤在肩膀上！后面的士兵惶恐地跑过去，他语无伦次，抱着战友的身体泪流不止，并赶快把自己的衬衣撕下包扎战友的伤口。

晚上，受伤的士兵一直念叨着母亲的名字，他以为自己熬不过这一关了。他们谁也没动身边的鹿肉，没人知道他们是怎么过的那一夜。第二天，他们遇到了大部队，得救了。

30年过去了，那位受伤的战士说："我知道那一枪是我的战友开的。因为当他抱住我时，我碰到他发热的枪管。那时候，我无法明白他为什么对我开枪，而当晚我就宽容了他，因为他想为了他的母亲活下来，所以想得到我身上的鹿肉。而从那一刻起，我就假装根本不知道这件事，也不再提及战争的残酷了，他母亲还是没有等到他回来，我和他一起祭奠了老人家。那一天，他跪下来，请求我原谅他。我没让他说下去，我们做了几十年的朋友。"

■ 至理箴言

只有勇敢的人才懂得如何宽容；懦夫决不会宽容，这不是他的本性。

——斯特恩

## ◆ 宽　恕

43年的时间似乎已经很长，长得足以使人忘记一个熟人的名字，我自己就有过这样的经验。有一位我曾经很熟悉的老夫人，我现在已经记不起她的姓名了，她原本是我在威斯康星州的迈阿密送报纸的时候认识的一位客户。

那是1954年的岁末，那一年我12岁，虽然已经隔了这么多年，但她曾经给我上的一堂宽恕他人的课还像是昨天刚刚发生过的一样，我只希望有一天我能把它传授给其他什么人。

那件事发生在一个风和日丽的午后。那天，我正和一个朋友躲在那位老夫人家的后院里朝她的房顶上扔石头，我们饶有兴味地注视着石头从房顶边缘滚落，看着它们像子弹一样射出，又像彗星一样从天而降，我们觉得很开心很有趣。

我拾起一枚表面很光滑的石头，然后把它掷了出去。也许因为那块石头太光滑了，当我把它掷出去的时候，不小心，它从我手中滑落，结果砸到了老夫人家后廊上的一个小窗户上。我们听到玻璃破碎的声音，就从老夫人的后院里飞快地逃走了。

那天晚上，我一想到老夫人后廊上被打碎的玻璃就很害怕，我担心会被她抓住。很多天过去了，一点动静都没有。这时候，我确信已经没事了，但我的良心却开始为她的损失感到一种深深的犯罪感。我每天给她送报纸的时候，她仍然微笑着和我打招呼，但是我见到她时却觉得很不自在。

我决定把我送报纸的钱攒下来，给她修理窗户。3个星期后，我已经攒下7美元，我计算过，这些钱已经足够修理窗户了。我把钱和一张便条一起放在信封里，我在便条上向她解释了事情的来龙去脉，并且说我很抱歉打破了她的窗户，希望这7美元能补偿她修理窗户的开销。

我一直等到天黑才鬼鬼祟祟地来到老夫人家，把信封投到她家门前的信箱里。我的灵魂感到一种赎罪后的解脱，我觉得自己能够正视老夫人的眼睛了。

第二天，我去给老夫人送报纸，我又能坦然面对老夫人给予我的亲切温和的微笑并且也能回她一个微笑了。她为报纸的事谢过我之后说："我有点东西给你。"原来是一袋饼干。我谢了她，然后就一边吃着饼干，一边继续送我的报纸。

吃了很多块饼干之后，我突然发现袋里有一个信封，我把它拉了出来，当我打开信封的时候，我惊呆了。信封里面是7美元和一

张简短的便条，上面写着："我为你骄傲。"（杰瑞·哈伯特）

■ 至理箴言

恐怕我们先得让世人都诚实，然后才能问心无愧地对我们的孩子说：诚实是上策。
——萧伯纳

## ❖ 用智慧宽恕别人

有个小伙子的生意做得特别好，引起了一些摊贩的嫉妒，大家常有意无意的把垃圾扫到他的店门口。这个小伙子只是宽厚地笑笑，不予计较，反而把垃圾都清扫到自己的角落。

旁边卖菜的妇人观察了他好几天，忍不住问道："大家都把垃圾扫到你这里来，你为什么不生气？"

小伙子笑着说："在我们家乡，过年的时候，都会把垃圾往家里扫，垃圾越多就代表会赚越多的钱。现在，每天都有人送钱到我这里，我怎么舍得拒绝呢？你看我的生意不是越来越好吗？"

从此以后，那些垃圾就不再出现了。

■ 至理箴言

智者从他的敌人那儿学到知识。
——阿里斯托芬

## ❖ 从自身找原因

在一条街上，有张姓和李姓两户人家：当经过张家的房子，总会听到里头吵吵闹闹的，不是打架就是哭骂、摔东西的声音；而对面的李家，一家人总是轻声细语，其乐融融。

有一天，老张遇到了老李，好奇地问："奇怪！为什么你们家总是和和气气的，从来没听过你们争吵，你们是怎么做到的？"老李说："我们家的每一位成员都认为自己是坏人。"

奇怪，天底下哪有人说自己是坏人的啊？

老李继续说："有一天，我看到你家楼梯的正中间放了一个玻璃杯，是阿德放的，阿聪经过时，不小心踢翻杯子，还割伤了自己的腿，阿聪立刻破口大骂：'阿德，一定是你放在这里的，你看看，害得我踢到了，还割伤了腿，你说怎么办吧？'

"阿德马上就说：'是你自己眼睛小，走路没看路。哼！踢到活该！'……"

"这不是很正常吗？"老张不解地问。

"不，要是在我家发生的话，踢到杯子的人会说：'哎呀！我真是不小心，竟然把杯子踢坏了……'而放杯子的人就会道歉：'对不起！对不起！我本来要拿到楼上去的，但是突然有电话，我忘了回来拿……'"

**▶ 至理箴言**

　　唯宽可以容人，唯厚可以载物。　　——薛煊

## ❖ 杂货店老板的忧愁

一间小杂货店对面新开了一家大型的连锁商店，这家商店即将打垮杂货店的生意。杂货店的老板忧愁地找牧师诉苦。

牧师说："如果你对这家连锁商店心存畏惧，你就会仇视他，仇恨便成了你真正的敌人。"

杂货商慌乱地问:"我该怎么办!"

牧师建议:"每天早上站在商店门前祝福你的商店,然后转过身去,也同地祝福那家连锁商店。"

杂货商气愤地说:"为什么要祝福我的对手?"

牧师说:"你的任何祝福都会变成福气,回归于你。你所给的任何诅咒,也同样会将你自己导向失败。"

一段日子后,正如这人当初所担心的,他的商店关门了,但他却被聘请成了那家连锁店的经理,而且收入比以前更好。

■ 至理箴言

　　宽容就像天上的细雨滋润着大地。它赐福于宽容的人,也赐福于被宽容的人。

　　　　　　　　　　　　　　　　　　　　——莎士比亚

## ❖ 责备不如示范

　　作为日本著名的企业家,职员们普遍认为松下幸之助是一个"严于律己,宽以待人"的人,而松下自己也将"以身作则"作为自己的座右铭。他曾经这样讲述说:

　　"1918年,我考上了日本一所著名的高中,住进了学校宿舍,开始了集体生活。当时自习教室的清洁卫生工作,应该由包括我在内的几个同学共同负责。可是,每天做卫生工作的时候,都只有我一个人干活。我觉得这不公平,就向同乡的一位学长告状。当时我说得慷慨激昂,觉得公理应该在自己这一边。

　　"可是,那位学长等到我情绪稳定之后,只是慢悠悠地说了一句:'只要你自己尽到了责任和义务,不就好了吗?你又何必去责备别人呢?'

"于是,从第二天早晨开始,我就默默地独自清扫自习教室。其他的同学虽然仍旧没有参加,可我已不放在心里了。不久,那些同学看我一个人忙,又没怨言,便有些看不过去了,于是,他们也逐渐加入到了清扫教室的队伍之中。

"这件事情使我终生难忘。步入社会后,我也一直抱着这'责备不如示范'的信条,时时严格要求自己,才使自己有了今天这些成就。"

### 至理箴言

如果你想征服全世界,你就得征服自己。　　——陀思妥耶夫斯基

## 好朋友

春秋时鲍叔牙和管仲是好朋友,二人相知很深。

他们俩曾经合伙做生意,一样地出资出力,分利的时候,管仲总要多拿一些。别人都为鲍叔牙鸣不平,鲍叔牙却说,管仲不是贪财,只是他家里穷。

管仲几次帮鲍叔牙办事都没办好,三次做官都被撤职,别人都说管仲没有才干,鲍叔牙出来替管仲说话:"这绝不是管仲没有才干,只是他没有碰上施展才能的机会而已。"

更有甚者,管仲曾三次被拉去当兵参加战争,而且三次逃跑,人们讥笑他贪生怕死。鲍叔牙再次直言:"管仲不是贪生怕死之辈,他家里有老母亲需要奉养啊!"

后来,鲍叔牙当了齐国公子小白的谋士,管仲却为齐国另一个公子纠效力。两位公子在回国继承王位的争夺战中,管仲曾驱车拦截小白,引弓射箭,正中小白的腰带。小白倒地装死,骗过管仲,

日夜驱车抢先赶回国内，继承了王位，被称为齐桓公。而公子纠失败被杀，管仲也成了阶下囚。

齐桓公登位后，要拜鲍叔牙为相，并欲杀管仲报一箭之仇。鲍叔牙坚辞相国之位，并指出管仲之才远胜于己，力劝齐桓公不计前嫌，用管仲为相。齐桓公于是重用管仲，果如鲍叔牙所言，管仲的才华逐渐施展出来，终使齐桓公成为春秋五霸之一。

■ 至理箴言

　　人才难得又难知，就要爱惜人才，就要用人不疑。　　——周扬

## ❖ 做人先要修心

管宁是三国时魏国人，自小饱读诗书，而且言行举止，处处有礼。

管宁16岁时，父亲去世了。管家很贫困，大家都敬佩管宁是个孝子，纷纷捐钱出物，供他安葬父亲。乡里捐的钱物很多，可管宁只收取了安葬父亲的费用，其余的都退了回去。

一些乡里的浪子，都叹惜自己没有这样的好运，又骂管宁是个傻子。可乡里多数人却纷纷称许说："管宁真不愧是管宁啊！"

父亲留给管宁的只有两亩田地。古代收成低，管宁全家几口人都指望这两亩地过活。

阳春三月，管家的庄稼绿油油的，全家都高兴，这年要丰收了。可是，一位乡邻耕地后，没把牛拴好，牛跑到管宁的田地，大口大口地啃起庄稼来了。不一会，地里的庄稼就被啃了一大片。

管宁来到田边看见了，十分着急，他马上把牛牵了出来。乡邻这时也发现了，满以为管宁会拿牛出气，要找他赔偿，就躲在一边，静静地观察。管宁把牛牵到树阴下，给牛扯来嫩嫩的青草，竟喂起

牛来了。牛吃饱了,管宁才牵牛向乡邻家里去。这位乡邻被管宁感动了,一定要赔偿他,可管宁说什么也不要。

乡邻十分感叹地说:"管宁真是个少见的好人啊!"

管宁家乡数百户人口,用的水来自南山脚的一口井。每天早晨,乡里人常常为谁先汲水而吵嘴甚至打架,因为只有一个汲水具。这件事,管宁一直挂念着,当他有一点积蓄时,他就去买了几个汲水工具放在井边。

人们来打水时,多了几个汲水工具,争吵的事也少了。当大家知道工具是管宁买的时候,都感动得掉下泪来,自此以后,乡里人来汲水,再没有发生吵架一类的事情了。

管宁在乱世中也洁身自好,乡里人都以他为楷模,他的名声传遍全国,连强盗到了他的家乡都不愿惊扰他。

### 至理箴言

世界上最广阔的是大海,比大海更广阔的是天空,比天空更广阔是人的胸怀。

——雨果

## ❖ 宽容最有力量

一天,七里禅师正在禅堂的蒲团上打坐,一个强盗突然闯进来,用刀子对着他的背,说:"把柜里的钱全部拿出来!不然,就要你的老命!"

"钱在抽屉里,柜子里没钱。"七里禅师说,"你自己拿去,但要留点,米已经吃光了,不留点,明天我要挨饿呢!"

那个强盗拿走了所有的钱,在临出门的时候,七里禅师说:"收到人家的东西,应该说声谢谢啊!"

"谢谢。"强盗说。他转回身，心里十分慌乱，这种从来没有遇到的状况，使他不知所措，他愣了一下，才想起不该把全部的钱拿走，于是，他掏出一些钱放回抽屉。

后来，这个强盗被官府捉住。差役把他押到七里禅师的寺庙去见七里禅师。

差役问道："多日以前，这个强盗来这里抢过钱吗？"

"他没有抢我的钱，是我给他的，"七里禅师说，"他临走时还说谢谢了，就这样。"

这个强盗被七里禅师的宽容感动了，他咬紧嘴唇，泪流满面，一声不响地跟着差役走了。

这个人走出牢房，便立刻去见七里禅师，求禅师收他为弟子，七里禅师不答应。这个人就长跪三日，七里禅师终于收留了他。

### 至理箴言

有时宽容引起的道德震动比惩罚更强烈。 ——苏霍姆林斯基

## 第七辑 感恩

感谢是美德中最微小的，忘恩负义是恶习中最不好的。
——英国谚语

### ◆ 怀着一颗感恩的心

史蒂文斯在一家软件公司做程序员，已经工作了8年。而有一天，他所要面对的是，他失业了，一切来得都是那么突然。他一直认为自己将会在这个公司工作到退休，然后拿着优厚的退休金养老。然而，这家公司在这一年倒闭了。

此时，史蒂文斯的第三个儿子刚刚降生，在他感谢上帝的恩赐的同时，他也意识到：作为丈夫和父亲，自己存在的最大意义，就是让妻子和孩子们过得更好。目前迫在眉睫的事，便是要重新找一份工作。

他的生活开始变得混乱不堪，每天最重要的工作就是不断地寻找工作。而他除了编程，一无所长。一个月过去了，他依然没有找到适合自己的工作。一天，他在报纸上看到一家软件公司正在招聘程序员，待遇也不错。于是，史蒂文斯就揣着个人资料，满怀希望地赶到那个公司。让他没有想到的是，应聘的人数多得难以想象，这意味着，竞争将会异常地激烈。史蒂文斯并没有退缩，因为肩上的责任不允许他胆小，他从容地面试，经过简单的交谈，公司通知他一个星期后参加笔试。

笔试中，史蒂文斯凭着过硬的专业知识轻松过关，两天后复试。他对自己8年的工作经验无比自信，坚信面试对自己而言不是太大的问题。出乎意料的，考官所问的问题和专业竟然没有关系，而是关于软件业未来的发展方向这样的问题，这些是史蒂文斯从未认真思考过的。

虽然应聘失败，可他并没有觉得沮丧，而是感觉收获不小，觉得这家公司对软件业的理解，令他耳目一新，他认为有必要给公司写一封信，以表达自己对此的感谢之情。于是便立即提笔写道："贵公司花费人力、物力，为我提供了笔试和面试的机会。虽然落聘，但通过此次应聘使我大长见识，受益匪浅。感谢你们为之付出的劳动，衷心地谢谢你们！"

这封信与众不同，落聘的人不但没有表示不满，竟然还毫无怨言地给公司写了感谢信。这封信被层层上递，最后送到了这间公司的总裁办公室。总裁在看了信之后，一言不发，把它锁进了抽屉里。

3个月过去了，在圣诞来临之际，史蒂文斯收到了一张精美的圣诞贺卡，上面写着："尊敬的史蒂文斯先生，如果您愿意，请和我们共同度过圣诞节"。贺卡就是他上次应聘的那家公司寄来的。原来，这家公司出现了空缺，他们首先想到了史蒂文斯。

这家公司便是世界闻名的微软公司。在史蒂文斯上任十几年后，他凭着出色的业绩，一直做到了副总裁。

### 至理箴言

感恩是精神上的一种宝藏。　　　　　　　　——洛克

## ◆ 最好的报答

20年前,马丁·路德为了庆祝完成第二年的主治医师训练课程,带着太太和两岁大的女儿,出外旅行,没想到,路上被困在奥瑞冈州红河谷露营地,这里远离闹市,冰天雪地,他们的车子出了故障,动弹不得。虽然路德刚刚接受了医学训练,却没办法用它们来对付故障的旅行车。这件往事在路德的记忆中如同奥瑞冈的蓝天一般清晰。

当路德从昏眩中醒来,摸索着打开车内的电灯,发现自己仍陷在一片黑暗里,他试着发动车子,却没有任何反应。他爬出旅行车,嘴里忍不住地开始咒骂。路德和太太讨论后,一致认为自己的车子一定是电池没电了。路德认为自己的腿要比修车技术可靠,最后决定徒步走到几英里外的高速公路求救,让他的太太和女儿待在车里等着他回来。

两小时后,路德跛着脚走到高速公路,拦下了一辆载运木头的大卡车,那辆卡车在到达加油站就让路德下车,弃他而去。当他走近加油站的时候,忽然打了个激灵,那天是星期天,星期天的早晨,加油站是关门的,幸好那里有个公共电话和一本破旧的电话簿。路德找到一个离城镇约20英里的一家汽车修理公司。电话拨了过去,那里的鲍伯接了电话,路德说明困境。他说:"没问题。"路德把地点告诉他,他说:"通常星期天我都休息,不过我大概半小时后可以到达那里。"听见他要来,路德松了一口气,但又担心他会狮子大开口,到时候不知道要向他收取多少费用。

如同电话里答应的,半小时后,鲍伯开着红色拖车翩然抵达,路德和他一起开着车子回到营地。当路德跳下拖车转过身的时候,惊讶地发现，鲍伯必须靠夹板和拐杖的支撑才能下车，他的下半身已经完全瘫痪！他拄着拐杖走向路德的旅行车，路德的脑海中再度浮出一堆数字，不知道他这次要收取多少费用！

在鲍伯检查了一下车之后说，"喔！只是电池没电罢了！只要充一下电，就可以自由上路了。"鲍伯把电池拿去充电，利用中间的空当，他还变魔术逗路德的女儿玩，甚至从耳朵中掏出一个两毛五的铜板给她。

充完电后，鲍伯把接电的电线放回拖车上，路德走过去问他该付多少钱。

"喔，不用了。"鲍伯回答。

路德一下子愣在那里，不知道该说什么，"哦，不，我该付你钱的！"

"不用"。鲍伯坚持，"曾经，我在越南的时候，有人帮我脱离比这更糟的险境——当时我的两条腿都断了，而那个救我的人没有向我要任何报酬，只是叫我把这份真情继续传下去，所以你一毛钱都不欠我的，只要记住，有机会的时候，要把这份真情传下去。"

20 年后，路德已经是个忙碌的医师，他时常在医学院办公室里训练医学院的学生。辛蒂是二年级的学生，外校来这里实习一个月，她和母亲就在医院附近住。

路德和辛蒂刚一起探望过一个因酗酒、吸毒而入院的病人，他们开始讨论可能采取的疗法，忽然间，路德注意到辛蒂的眼中满是泪水。便问："你不喜欢讨论这类事情吗？"

"不是，"辛蒂啜泣着，"只不过觉得我的母亲也有可能变成这样一个病人，她也有同样的问题。"

午餐时间，他们俩在会议室里探讨辛蒂母亲长期酗酒的悲惨历史。辛蒂很伤心地哭泣，非常痛苦地回忆着她家里过去几年的愤怒、尴尬、仇视，把它们讲给路德听。于是路德邀请辛蒂带着她的母亲来治疗，这个邀请燃起了辛蒂的希望，他们还安排辛蒂的母亲去见一位专业心理顾问。辛蒂母亲在其他家人的强力支持下，最终接受治疗，入院几个星期后，整个人都完全改变。辛蒂原本濒临破碎的家庭，见到了希望的曙光。

辛蒂问路德："我该如何报答你？"

路德想起被困在雪地里的旅行车，想到在车里等待自己援救的太太和女儿，以及那位瘫痪的善心人士，他知道自己只有一个答案可以回答："你最好的报答就是把这份真情传下去吧！"

是的！请把这份情永远地传下去！让更多的人感受到幸福！

■ 至理箴言

没有感恩就没有真正的美德。　　　　　　　　　——卢梭

### ◆ 棉被下的泡面

他是个单亲爸爸，独自抚养一个 7 岁的小男孩。那天晚上，他回到家时，孩子已经熟睡了。他正准备睡觉时，突然大吃一惊：棉被下面，竟然有一碗打翻了的泡面！

"这孩子！"他在盛怒之下责备说。

"为什么这么不乖，惹爸爸生气？你这样调皮，把棉被弄脏了谁来洗？"

"我没有……"孩子抽咽着说道："我没有调皮，这……这是给爸爸吃的晚餐。"

原来孩子怕爸爸回家晚肚子饿，就泡了两碗面，一碗自己吃了，另一碗留给爸爸。他担心爸爸那碗面凉了，所以将它放在了棉被底下。

■ 至理箴言

作为一个人，对父母要尊敬，对子女要慈爱，对穷亲戚要慷慨，对一切人要有礼貌。　　　　　　　　　——罗素

## 感激之心

1889年，27岁的斯泰因·梅茨初到美国，以电器工程师的身份到处寻求工作。可是，没有人愿意雇用他。他看起来实在太虚弱了。他的一位朋友回国时曾给他留下了一封信，让他去找一位名叫鲁道夫·依克梅尔的工厂主。他找到了这家工厂，真是幸运，依克梅尔给了他工作。

依克梅尔的工厂生产大型电动机，但生产出的各种电动机都有过热的毛病。依克梅尔虽然也知道毛病来自磁力对电机的铁芯的影响，可是却不知道如何清除它，斯泰因·梅茨很乐意解决这个问题。他交叉着双腿，整天坐在靠背椅上。一小时，两小时……不停地翻阅着所有的电磁资料，纸上密密麻麻地写满了各种数据。

两年以后，他终于研究出了依克梅尔所需要的全部数据。1892年，在一次电器工程师会议上，他宣读了这些成果的部分材料。大家都被他报告的内容深深地吸引了。

在斯泰因·梅茨为依克梅尔工作期间，总电器公司知道了他的才能，就邀请他到去工作，并答应给他一个大实验室。斯泰因·梅茨起初十分高兴。可是过了一周，他改变了主意，说："十分抱歉，我不能接受这个邀请。"

"为什么？"总电器公司的官员问。

"依克梅尔先生不想让我离开。"斯泰因·梅茨回答说，"即使你们现在多给我10倍的薪金，对我来说也没有什么变化，而依克梅尔先生在我十分困难的时候，给了我工作，现在他既然还非常需要我，那我就应该跟他待在一起。"

此后不久，总电器公司买下了整个依克梅尔公司，才把斯泰因·梅茨派往"总电"在斯克奈塔第市的一个新工厂。这是"总电"得到斯泰因·梅茨的唯一办法。

■ 至理箴言

感谢是美德中最微小的,忘恩负义是恶习中最不好的。

——英国谚语

## ◆ 那只温暖的手

感恩节的前夕,美国芝加哥的一家报纸向一位小学女教师约稿,希望得到一些家境贫寒的孩子画的图画,图画的内容是孩子们心中想要感谢的东西。

孩子们高兴地在白纸上描画起来。女教师猜想,这些穷人家的孩子们想要感谢的东西是很少的,可能大多数孩子会画上火鸡或冰淇淋等。

当小道格拉斯交上他的画时,她吃了一惊:他画的是一只大手。是谁的手?这个抽象的表现使她迷惑不解,孩子们也纷纷猜测。一个说:"这准是上帝的手。"另一个说:"是农夫的手,因为农夫喂养了火鸡。"

女教师走到小道格拉斯——这个皮肤棕黑、又瘦又小、头发卷曲的孩子面前,低头问他说:"能告诉我你画的是谁的手吗?"

"这是你的手,老师。"孩子小声答道。

她回想起来了,在放学后,她常常拉着他的小手,送他走一段。他家很穷,父亲常喝酒,母亲体弱多病又没工作,小道格拉斯破旧的衣服总是脏兮兮的。当然,她也常拉别的孩子的手。可这只老师的手对小道格拉斯却有着非凡的意义,他要感谢这只手。

### 至理箴言

要把学生造就成一种什么人,自己就应当是什么人。

——车尔尼雪夫斯基

## ❖ 一封感谢函

文俊参加了一家大型企业的招聘考试,并且很幸运地进入这家公司。在这个上千人的大型公司工作,文俊觉得自己被湮没了,很难体现出个人的价值。

对于一个新员工来说,如何增强自己的竞争能力,是必须要思考的问题。文俊心想:"要让高层主管知道我的能力,起码先要让他们认得我,公司这么多人进进出出,能让他们叫得上名字的低层人员也没有几个。"

时间过得很快,又到年底了。依照惯例,公司根据年终盈余发放年终奖金。大伙儿照样按着"惯例",不管拿多少奖金,也要对奖金的比例批评、讽刺一番,好像不这么做就不能表示出自己一年来工作的辛苦。

发放奖金之后的第二天,一封封感谢函静静地躺在公司总经理和几位高级主管的桌上,内容是感谢各位主管辛苦的指导和带领,署名是文俊。

文俊在洗手间碰到了总经理,总经理笑着对他说:

"噢!你就是文俊啊!"

原来在不知不觉间,所有的高层管理人员都已经在关注文俊。过不了多久,文俊便从小职员中脱颖而出,进入了中级管理层。

### 至理箴言

智慧的标志是审时度势之后再择机行事。　　——荷马

## 老鹰救农夫

农夫看到猎人的罗网里有一只老鹰，它的翅膀受伤了。农夫动了恻隐之心，便对猎人说："老哥，把这只老鹰卖给我吧，我很喜欢它。"

猎人同意了农夫的请求。农夫把老鹰带回家，为它洗净了伤口，包扎好后，还给它喂了一些粮食。老鹰在农夫的精心照顾下，伤口好得很快。

有一天，农夫从田里回来，发现老鹰已不知什么时候从他家里飞走了。农夫很后悔，自言自语地说："真没良心，我救了它一命，现在它就这样飞走了。"

某个冬日，农夫正靠着墙根上晒太阳，这时，天上飞来一只老鹰，抓起农夫头上的帽子飞走了。农夫起身去追，发现抓走他帽子的老鹰就是被他救过一命的老鹰，农夫愤怒至极，他边追边骂："你这个该死的家伙，我先前救了你一命，你不曾报答，现在又来抢我的帽子……"

农夫话还没有说完，突然听到"轰隆"一声，他回头一看，刚才自己靠着的那堵墙已倒塌了。这时，他的帽子从天空掉了下来。

**至理箴言**

　　羊有跪乳之恩，鸦有反哺之义。　　——《增广贤文》

## 用心去感化他人

一天晚上，老禅师在禅院里散步，发现墙角有一张椅子。

禅师心想：一定是有人不守寺规，越墙出去游玩了。老禅师便搬开椅子，蹲在原处观察。一会儿，果然有一个小和尚翻墙而入，在黑暗中踩着禅师的背脊到了院子。

当他双脚落地的时候，才发觉刚才踏的不是椅子，而是自己的师傅，小和尚顿时惊慌失措。

出乎意料的是，老和尚并没有厉声责备他，只是以平静的语调说："夜深太凉，快去多穿件衣服。"

小和尚感激涕零，回去后告诉其他的师兄弟。

从此以后，再也没有人夜里越墙出去闲逛了。

### ■至理箴言

　　因为有了感谢之心，才能引发惜物及谦虚之心，使生活充满欢乐，心理保持平衡，在待人接物时自然能免去许多无谓的对抗与争执。
　　　　　　　　　　　　　　　　　　　——松下幸之助

## ◆ 妈妈的恩情

一天，女孩跟妈妈又吵架了，一气之下，她转身向外跑去。

她走了很长时间，看到前面有个面摊，这才感觉到肚子饿了。可是，她摸遍了身上的口袋，里面一个硬币也没有。面摊的主人是位看上去很和蔼的老婆婆，她看到女孩站在那里，就问："孩子，你是不是要吃面？""可是，可是我忘了带钱。"她有些不好意思地回答。"没关系，我请你吃。"

老婆婆端来一碗馄饨和一碟小菜。她满怀感激，刚吃了几口，眼泪就掉了下来，"你怎么了？"老婆婆关切地问。

"我没事，我只是很感激！"她忙擦眼泪，对面摊主人说，"我们不认识，而你却对我这么好，愿意煮馄饨给我吃。可是我妈妈，她跟我吵架，还叫我不要再回去。"

老婆婆听了，平静地说："孩子，你怎么会这么想呢？你想想看，我只不过煮了一碗馄饨给你吃，你就这么感激我，那你妈妈煮了十多年的饭给你吃，你怎么不感激她呢？"

女孩愣住了。

女孩匆匆吃完了馄饨，开始往家走去。当她走到家附近时，看到疲惫不堪的母亲正在路口四处张望……

### 至理箴言

感恩即是灵魂上的健康。

——尼采

## 知足感恩

拉尔夫·维克有7岁了。在大多数事情上他是一个很好的孩子，但是他特别爱哭。他若得不到他想要的东西，就会哭着说："我要得到它。"假如有人不能满足他的要求，他会因此而苦恼，进而哭得更厉害。

一天，他和母亲去田野里劳动。阳光照耀，花儿开得非常艳丽。

这一次，拉尔夫决心做一个好孩子。他的脸上布满了微笑，他希望像自己许诺的那样去做。他说："妈妈，我现在很好，我愿意听你的吩咐。让我扔干草吧。"

"那好吧。"他妈妈回答。于是他们开始扔干草，正像拉尔夫所期望的，他卖力地工作着，虽然很辛苦，但他为此感到非常快乐。

"你现在肯定累了吧，"他妈妈说，"在这儿坐一会儿，我会送给你一枝漂亮的红玫瑰。"

"噢，妈妈，谢谢。"拉尔夫说。于是他母亲给了他一枝红玫瑰。

"谢谢你，妈妈！"拉尔夫非常喜欢这枝花，不住地把玩着，还不时深深吸几下醉人的香气。但他看到妈妈手里还有一枝白色的玫瑰花，那枝白色的似乎更加娇艳美丽。于是他央求妈妈："妈妈，请把那枝白色的也给我行吗？"

"不，亲爱的，"他妈妈说，"看见它枝上的刺了吗？你不要摸它。假如你不小心，你的手一定会被弄伤的。"

当拉尔夫意识到自己无法得到那枝白玫瑰时，便大喊大叫起来，而且还伸手去抓。但是他马上就后悔了，因为那玫瑰上的刺非常厉害，他刚一碰到花梗，手指就被刺伤了。他的手十分痛，而且马上就流出了血，这下恐怕他真的有一段时间不能用手抓东西了。

这件事在拉尔夫脑海里留下了深深的印迹。自那以后，当他想要他不该要的东西时，他母亲就会指着他曾受伤的手，提醒他不要忘记那次深刻的教训，他也最终学会了对他所拥有的东西知足感恩。

### 至理箴言

贪心好比一个套结，把人的心越套越紧，结果把理智闭塞了。

——巴尔扎克

## 第八辑 乐观

决定一个人心情的，不在于环境，而在于心境。
——柏拉图

### ◆ 拥有快乐的心态

从前，有个男孩子住在山脚下的一幢大房子里。他爬树、游泳、踢球，喜欢动物、跑车与音乐，还有漂亮的女孩子。他过着幸福快乐的生活。

一天，男孩子对上帝说："我想了很久，我知道自己长大后需要什么。"

"你需要什么？"上帝问。

"我要住在一幢前面有门廊的大房子里，门前有两尊圣伯纳德的雕像，并有一个带后门的花园。我要娶一个高挑而美丽的女子为妻，她性情温和，长着一头黑黑的长发，有一双蓝色的眼睛，会弹吉他，有着清亮的嗓音。

"我要有三个强壮的男孩，我们可以一起踢球。他们长大后，一个当科学家，一个做参议员，而最小的一个将是橄榄球队的四分卫。我要成为航海、登山的冒险家，并在途中救助他人。我要有一辆红色的法拉利汽车,而且,永远不需要搭送别人。"

"听起来真是个美妙的梦想,"上帝说,"希望你的梦想能够实现。"

后来,有一天踢球时,男孩磕坏了膝盖。从此,他再也不能登山、爬树,更不用说去航海了。因此,他学了商业经营管理,而后经营医疗设备。他娶了一位温柔美丽的女孩,长着黑黑的长发,但她却不高,眼睛也不是蓝色的,而是褐色的。她不会弹吉他,甚至不会唱歌,却做得一手好菜,画得一手出色的花鸟画。

因为要照顾生意,他住在市中心的高楼大厦里,从那儿可以看到蓝蓝的大海和闪烁的灯光。他的屋门前没有圣伯纳德的雕像,但他却养着一只长毛猫。

他有三个美丽的女儿,坐在轮椅中的小女儿是最可爱的一个。三个女儿都非常爱她们的父亲。她们虽不能陪父亲踢球,但有时她们会一起去公园玩飞盘,而小女儿就坐在旁边的树下弹吉他,唱着动听的歌曲。

他过着富足、舒适的生活,但他却没有红色法拉利。有时他还要取送货物——甚至有些货物并不是他的。

一天早上醒来,他记起了多年前自己的梦想。"我很难过",他对周围的人不停地诉说,抱怨他的梦想没能实现。他越说越难过,简直认为现在的这一切都是上帝同他开的玩笑,妻子、朋友们的劝说他也听不进去。

最后,他终于悲伤地住进了医院。一天夜里,所有人都回了家,病房中只留下护士。他对上帝说:"还记得我是个小男孩时,对你讲述过我的梦想吗?"

"那是个可爱的梦想。"上帝说。

"你为什么不让我实现我的梦想?"他问。

"你已经实现了。"上帝说,"只是,我想让你惊喜一下,给了一些你没有想到的东西。我想,你该注意到我给你的东西:一位温柔美丽的妻子,一份好工作,一处舒适的住所,三个可爱的女儿——这是个最佳的组合。"

"是的,"他打断了上帝的话,"但是,我以为你会把我真正希望得到的东西给我。"

"我也以为你会把我真正希望得到的东西给我。"上帝说。

"你希望得到什么?"他问,他从没想到上帝也会希望得到东西。

"我希望你能因为我给你的东西而快乐。"上帝说。

他在黑暗中静想了一夜:他决定要有一个新的梦想,他要让自己梦想的东西,恰恰就是他已拥有的东西。

后来,他康复出院,幸福地住在自己的公寓中,欣赏着孩子们悦耳的声音、妻子深褐色的眼睛,以及精美的花鸟画。晚上他注视着大海,心满意足地看着万家灯火。

■ 至理箴言

　　一个人如能让自己经常维持像孩子一般纯洁的心灵,用乐观的心情做事,用善良的心肠待人,光明坦白,他的人生一定比别人快乐得多。

——罗兰

## 快乐的人

　　一位少年去拜访一位年长的智者。他问智者:"我如何才能成为一个使自己快乐,同时也能给别人带去快乐的人呢?"

　　智者看着他说:"孩子,在你这个年龄有这样的愿望,已经很难得了。我送你四句话。第一句话是,把自己当成别人。你能说说这句话的含义吗?"

　　少年回答说:"是不是说,在我感到痛苦忧伤的时候,就把自己当成别人,这样痛苦就自然减轻了;当我欣喜若狂之际时,把自己当成别人，那些狂喜也会变得平和中正一些呢？"

智者微微点头，接着说："第二句话，把别人当成自己。"

少年沉思一会儿，说："这样就可以真正同情别人的不幸，理解别人的需求，在别人需要的时候给予恰当的帮助？"

智者两眼发光，继续说道，"第三句话，把别人当成别人。"

少年说："这句话的意思是不是说，要充分地尊重每个人的独立性，在任何情况下都不可侵犯他人的核心领地？"

智者哈哈大笑说："很好，很好。孺子可教也！第四句话是，把自己当成自己。这句话理解起来太难了，留着你以后慢慢品味吧。"

少年说："这四句话之间有太多自相矛盾之处，我用什么才能把它们统一起来呢？"

智者说："很简单，用一生的时间来经历。"

少年沉默了很久，然后叩首告别。

后来少年变成了壮年人，又变成了老人。再后来他离开这个世界很久以后，人们都还时时提到他的名字。人们都说他是一位智者，因为他是一个快乐的人，而且也给每一个见到过他的人带来了快乐。

**至理箴言**

幸福在于为别人生活。　　　　　　　　　　——托尔斯泰

## ❖ 天天都有好心情

一天早上，罗宾要赶着去听一个很重要的讲座，于是，他钻进了一辆出租车。当时，正是上班高峰期，还遇上修路，不一会儿车子就卡在车阵中，丝毫没法动弹。前座的司机是位30多岁的先生，面对这种情况他不停地叹起气来。罗宾和他聊了起来："最近生意好

吗?"后照镜中司机的脸拉了下来,声音冲冲地说:"有什么好?到处都不景气,你想我们出租车生意会好吗?每天十几个小时,也赚不到什么钱,真是气人!"

显然,这不是个好话题,换个话题好了,罗宾想。于是,他又说:"不过还好,你的车很大很宽敞,即便是塞车,也让人觉得很舒服……"

司机打断了他的话,声音激动了起来:

"舒服什么!不信你来每天坐12个小时看看,看你还会不会觉得舒服!"

那天下午,罗宾再一次钻入一辆出租车,去参加朋友的聚会。司机也是一位30多岁的先生,他转过笑容可掬的脸庞,轻快愉悦地问罗宾:"你好,请问要去哪里?"真是难得的亲切,罗宾随即告诉了司机目的地。司机笑了笑:"好,没问题!"然而,走了两步,车子又在车阵中动弹不得了。前座的司机先生手握方向盘,开始轻松地吹起口哨、哼起歌来,显然,他今天心情不错。罗宾开口和他聊起来:"看来你今天心情很好嘛!"

他笑得露出了牙齿:"我每天都是这样啊,每天心情都很好。"

"为什么呢?"罗宾问,"大家不都说工作时间长,收入都不理想吗?"

司机先生说:"没错,我也有家有小孩要养,所以,开车时间也跟着拉长为12个小时。不过,日子还是过得很开心的,我有个秘密……"他停顿了一下:"说出来先生你别笑我,好吗?我总是换个角度来想事情。例如,我觉得出来开车,其实,是客人付钱请我出来玩。像今天,现在,我就碰到像你,花钱请我跟你到市中心玩,这不是很好吗?等到了市中心,你去办你的事,我就正好可以顺道赏赏周围的夜景,抽根烟再走啦!像前几天,我载一对情侣去水库看夕阳,他们下车后,我也下来喝碗鱼丸汤,挤在他们旁边看看夕阳才走,反正来都来了嘛,更何况还有人付钱呢!呵呵!"

■ 至理箴言

  开朗的性格不仅可以使自己经常保持心情的愉快，而且可以感染你周围的人们，使他们也觉得人生充满了和谐与光明。

——罗曼·罗兰

## ❖ 苏格拉底的心境

  苏格拉底是单身汉的时候，和几个朋友一起住在一间只有七八平方米的小屋里。但是，他一天到晚总是乐呵呵的。

  有人问他："那么多人挤在一起，连转个身都困难，有什么可乐的？"

  苏格拉底说："朋友们在一块儿，随时都可以交换思想，交流感情，这难道不是很值得高兴的事吗？"

  过了一段时间，朋友们一个个成家了，先后搬了出去。屋子里只剩下了苏格拉底一个人，但是每天他仍然很快活。

  那人又问："你一个人孤孤单单的，有什么好高兴的？"

  苏格拉底说："我有很多书啊！一本书就是一个老师。和这么多老师在一起，时时刻刻都可以向它们请教，这如何不令人高兴呢！"

  几年后，苏格拉底也成了家，搬进了一座大楼里。这座大楼有7层，他的家在最底层。底层在这座楼里是最差的，不安静，不安全，也不卫生。上面老是往下面泼污水，丢死老鼠、破鞋子、臭袜子和杂七杂八的脏东西。

  那人见他还是一副喜气洋洋的样子，好奇地问："你住这样的房间，也感到高兴吗？"

  "是呀！"苏格拉底说，"你不知道住一楼有多少妙处啊！比如，进门就是家，不用爬很高的楼梯；搬东西方便，不必费很大的劲；朋友来访容易，用不着一层楼一层楼地去叩门询问……特别让我满意的是，可以在空地上养花种菜，这些乐趣呀，数之不尽啊！"

过了一年，苏格拉底把一层的房间让给了一位朋友。这位朋友家有一个偏瘫的老人，上下楼很不方便。他搬到了楼房的最高层——第七层，可是每天他仍是快快活活的。

那人揶揄地问："先生，住第七层也有许多好处吧？"

苏格拉底说："是啊，好处多着哩！仅举几例吧，每天上下几次，这是很好的锻炼机会，有利于身体健康；光线好，看书写文章不伤眼睛；没有人在头顶干扰，白天黑夜都非常安静。"

后来，那人遇到苏格拉底的学生柏拉图，他问："你的老师总是那么快乐，可我却感到，他每次所处的环境并不那么好呀。"

柏拉图说："决定一个人心情的，不在于环境，而在于心境。"

### 至理箴言

所谓内心的快乐，是一个人过着健全的、正常的、和谐的生活所感到的快乐。
——罗曼·罗兰

## ❖ 与大家分享快乐

玛丽是美国东部的一位富有的钢铁生产商的女儿，她拥有这个世界上她想要的每样东西。第一次世界大战爆发时，她要去法国，她的父亲认为她不应该去。最后，她说服了父亲。

她带着自己的小提琴，那时，她已经是一位有成就的音乐家了——随同伙伴们一起来到了欧洲，在约瑟夫·迪斯科曼将军领导下的第三区工作，她去的主要目的是为他人带来欢乐，她相信她有这个能力。她每天打扫食堂，做满满的几桶热可可奶，还要刷盘子。而在这之前，她却没有洗过一只盘子。晚上她和士兵们一起娱乐。在这里随处都可以看到玛丽的身影，她用自己的小提琴为大家演奏美妙的乐曲，那些小伙子随着她的曲子欢快地歌唱，他们是多么喜欢玛丽啊！将军也感激她能通过这种方式为战士们提供精神的食粮。

领导安排她去巴黎工作，她却要在这里多待一段时间，继续与大家分享快乐。

在欧洲的日子里，玛丽始终不愿留在后方，她一直跟着战士们。她走到哪里，就把欢乐带到哪里。在接受第一场战火洗礼的前一天，牧师为战士们安排一个圣餐会，她知道战士中许多人将不会再回来，她非常伤心。在战地医院里，她被安排参加救援活动，为了照顾伤员，她几天几夜没有合眼。

为此，迪斯科曼将军特意颁发一张精美的嘉奖令表彰她，这个能舍下家庭来前线吃苦的小姑娘令人感动。而她却说，她在给别人带去欢乐的同时，自己也得到了快乐。

### ◼ 至理箴言

　　保持快乐，你就会干得好，就更成功、更健康，对别人也就更仁慈。

——马克斯威尔·马尔兹

## ◆ 内心的风景

　　美国知名的篮球教练伍登，曾经带领加州大学洛杉矶分校在12年内赢得了10次全国总冠军，他被评为美国有史以来最伟大的篮球教练之一。

　　他的成功哲学是：正面而积极的自我暗示。

　　每晚睡觉前，伍登一定会告诉自己："我今天表现得非常好，明天还要努力，表现得比今天更好。"

他积极而乐观的个性，不单单只表现于篮球场上，在生活中也是如此。一天他和朋友开车进城，面对拥挤而动弹不得的车阵，他的朋友频频抱怨，但是伍登却说："好一个活力四射的城市。"友人不免好奇地问："为什么你看事物的角度总是不同于一般人。"

伍登笑着回答说："因为，我看的是我'内心的风景'。不论我快乐或悲伤，在我们所生活的世界，永远是充满无数机会的世界。这些机会，绝不会因为我的快乐或悲伤而有所改变；所以只要不断地运用积极的'自我暗示'，就能够发现这个世界有着无限的可能，也因此而激发出内在的潜能来。"

### ■ 至理箴言

　　各人有各人理想的乐园，有自己所乐于安享的世界，朝自己所乐于追求的方向去追求，就是你一生的道路，不必抱怨环境，也无须艳羡别人。
　　　　　　　　　　　　　　　　　　　　——罗曼·罗兰

## ❖ 水管工的"烦恼树"

　　一个农场主，雇了一个水管工来安装农舍的水管。水管工的运气很差，头一天，先是车子的轮胎爆裂，耽误了一个小时，再就是电钻坏了。最后，开来的那辆载重一吨的老爷车也坏掉了。他收工后，农场主开车把他送回家去。到了家门前，水管工邀请农场主进去坐坐。在门口，满脸晦气的水管工没有马上进去。他沉默了一会儿，再伸出双手，抚摸门旁一棵小树的枝丫。待到门打开，水管工笑逐颜开，和两个孩子紧紧拥抱，再给迎上来的妻子一个响亮的吻。在家里，水管工喜气洋洋地招待这位新朋友。农场主离开时，水管工陪他向车子走去。

农场主按捺不住好奇心，问："刚才你在门口的动作，有什么用意吗？"水管工爽快地回答："有，这是我的'烦恼树'。我到外头工作，磕磕碰碰，总是有的。可是烦恼不能带进门，这里头有太太和孩子嘛。我就把它们挂在树上，让老天爷管着，明天出门再拿走。奇怪的是，第二天我到树前去，'烦恼'大半都不见了。"

**至理箴言**

　　快乐不在于事情，而在于我们自己。　　——理查德·瓦格纳

## ❖ 走红的女歌唱家

　　欧洲某国家有一位著名的女高音歌唱家，年仅30就已经誉满全球，而且家庭幸福美满。

　　一次，她到邻国来开独唱音乐会，入场券早就被抢购一空，当晚的演出也受到极为热烈的欢迎。演出结束之后，歌唱家和丈夫、儿子从剧场里走出来的时候，一下子被等候已久的观众团团围住。人们饶有兴趣地与歌唱家攀谈着，其中不乏赞美和羡慕的言语。

　　有的人羡慕歌唱家的好运气，大学刚毕业就进入了国家级的歌剧院并迅速走红，有的人羡慕歌唱家有个腰缠万贯的某大公司老板作丈夫，而膝下又有个活泼可爱、脸上总带着微笑的小男孩。

　　在人们议论的时候，歌唱家只是站着默默不语。等人们把话说完以后，她才缓缓地说："我首先要谢谢大家对我和我的家人的赞美，我希望在这些方面能够和你们共享快乐。但是，你们看到的只是一个方面，还有另外的一个方面你们没有看到。那就是你们夸奖的活泼可爱、脸上总带着微笑的这个小男孩，他是一个不会说话的

哑巴。而且，他还有一个姐姐，是需要长年关在装有铁窗房间里的精神分裂症患者。"

歌唱家的一席话使人们震惊得说不出话来。大家你看看我，我看看你，似乎很难接受这样的事实。

这时，歌唱家又心平气和地对人们说："这一切说明什么呢？恐怕只能说明一个道理：那就是上帝给谁的都不会太多。"

### ◆ 至理箴言

生命苦短，便这既不能阻止我们享受生活的乐趣，也不会使我们因其充满艰辛而庆幸其短暂。　　——沃维纳格

## ❖ 风暴中的祷告

有一个人搭船到英国，途中遇到暴风，全船的人都惊慌失措。他看到一个老太太非常平静地在祷告，神情十分安详。

等到风浪过去，全船脱离了险境，这人很好奇地问这老太太，为什么一点都不害怕。

老太太回答："我有两个女儿，大女儿叫马大，已经被上帝接走，回到天堂；二女儿叫马利亚，住在英国。刚才风浪大作时，我就向上帝祷告，如果接我回天堂，我就去看大女儿，如果留我性命，我就去看二女儿。不管去哪里我都一样，所以，我怎么会害怕呢？"

### ◆ 至理箴言

快乐是一种奢侈。若要品尝它，绝不可缺的条件是心无不安。心若不安——即使稍受威胁，快乐就立刻烟消云散。　　——司汤达

## ❖ 误诊

有两个人同时到医院看病，并且分别照了 X 光，其中一个人原本就生了大病，得了癌症，另一个人只是做例行的健康检查。

但是，由于医生取错了照片，给了他们相反的诊断，那一位原本病况不佳的病人，听到身体已恢复健康，满心欢喜，经过一段时间的调养，居然真的完全复原了。

而另一位本来没病的人，经过医生的诊断后，内心有了很大的恐惧。他整天焦虑不安，意志消沉，身体的抵抗力也跟着减弱了，结果还真的生了重病。

### ▌至理箴言

决定一个人心情的，不在于环境，而在于心境。　——柏拉图

## ❖ 老翁垂钓

在一个美丽的海滩上，有一位不知从哪里来的老翁，每天坐在固定的一块礁石上垂钓。无论运气怎样，钓多钓少，两小时的时间一到，他便收起钓具，扬长而去。

老人的古怪行动引起了一个小伙子的好奇。一次，这个小伙子忍不住问："当你运气好的时候，为什么不一鼓作气钓上一天？这样一来，就可以满载而归了！"

"钓更多的鱼用来干什么？"老者平淡地反问。

"可以卖钱呀!"小伙子觉得老者傻得可爱。

"得了钱用来干什么?"老者仍平淡地问。

"你可以买一张网,捕更多的鱼,卖更多的钱。"小伙子迫不及待地说。

"卖更多的钱又干什么?"老者还是那副无所谓的神态。

"买一条渔船,出海去,捕更多的鱼,再赚更多的钱。"小伙子认为有必要给老者订一个规划。

"赚了钱再干什么?"老者仍是显出无所谓的样子。

"组织一支船队,赚更多的钱。"小伙子心里直笑老者的愚钝不化。

"赚了更多的钱再干什么?"老者已准备收竿了。

"开一家远洋公司,不光捕鱼,而且运货,浩浩荡荡地出入世界各大港口,赚更多更多的钱。"小伙子眉飞色舞地描述道。

"赚更多更多钱还再什么?"老者的口吻已经明显地带着嘲弄的意味。

小伙子被这位老者激怒了,没想到自己反被嘲弄。

"你不赚钱又干什么?"他反击道。

老人笑了:"我每天钓上两小时的鱼,其余的时间嘛,我可以看看朝霞,欣赏落日,种种花草蔬菜,会会亲戚朋友,优哉游哉,更多的钱于我何用?"说话间,老人已打点行装走了。

### ■至理箴言

知足者贫贱亦乐,不知足者富贵亦忧。　　　　——林逋

## ◆ 总统的幽默

美国的罗斯福总统和英国的丘吉尔首相是二战时两个叱咤风云的人物,在研究如何对付法西斯时,两个伟人会面了。

在会面中，两人详细地谈论了对各国的作战计划，但在某些利益分配上，各自为自己的利益着想，不能尽快达成一致协议，二人很是伤脑筋。

一天晚饭后，丘吉尔去拜访罗斯福，丘吉尔没有让工作人员报告，直接进入了罗斯福的住处，而罗斯福刚刚洗完澡出来，正好一丝不挂地面对丘吉尔，两个人都很尴尬。

罗斯福先反应过来，哈哈大笑着说："丘吉尔首相，我罗斯福真是毫无保留地向大英帝国全面开放啊！"

二人都哈哈大笑起来，一场尴尬的场面就这样过去了，二人间由此还结成了深厚的友谊。在此后的日子里，他们从双方的利益出发，各自让步，很快达成了协议，从而为世界反法西斯斗争的胜利奠定了基础。

### ■ 至理箴言

幽默是多么艳丽的服饰，又是何等忠诚的卫士！它永远胜过诗人和作家的智慧；它本身就是才华，它能杜绝愚昧。

——司各特

## ◆ 笑话与工作

有一天，迪波特来到舅舅家，舅舅约翰就从书架上抽出一本《笑话大全》递给迪波特，迪波特皱着眉头接过去：说："舅舅，这是给小学生看的。"

"这可是最新版的，"约翰指着书的封面对他说，"里面收集了不少的笑话。既然你能够在上班时间跑出来找我，那为什么不在上班的时候看看这个？"

迪波特勉强着把书塞进了公文包。约翰又拿出了100块钱递给他,"好吧,算是我雇用你读这本书,这行了吧?它对你绝对有帮助,真的。"迪波特接钱的时候倒是很爽快。

大约又过了两个星期,迪波特又来见约翰。

约翰看见自己的外甥的头发梳得一丝不苟,手边放着打开的笔记本和一份《商业日报》,领带系得很整齐,袖口翻在手腕上方,完全是一个朝气蓬勃的年轻人。

"你的变化很大,你怎么做到的?"

迪波特显然有些激动,他把手按在桌上,"我也不知道。舅舅,我自己也感到很惊奇,仿佛是走错门进入了另一个世界。我现在每天都迫不及待地上班,因为,在办公室里有许多人在等着我,他们需要我,瞧,"他把双手摊开,"我的头发,我知道他们喜欢这样,我也开始注意着装了,这样能够让更多的人认识我。"

"这一切都是怎么发生的?"

"我按你说的开始看那本书,有一个笑话我实在觉得太可笑了,我忍不住把它讲给了隔壁的同事。在那之前我连他长什么样子都没有注意过。到了下午,它又被别人讲给我听。这件事太神奇了,笑话居然又绕了回来。于是,我在下班前又给更多的人讲了另外一个好笑的笑话。后来,我每天都会在休息时间讲一些笑话,或者自己编和当天的事有关的笑话,就像脱口秀一样。""就这么简单?""就是这样,大家开始喜欢我,他们有什么工作都喜欢和我商量解决。在他们看来我够聪明,也够幽默。"

一个笑话缩短了迪波特与他人的距离,也使他找到了工作的状态和乐趣,使他对每一天的工作充满期待。

### ■ 至理箴言

  幽默是生活波涛中的救生圈。

              ——拉布

## 第九辑 其他

> 抛弃今天的人，不会有明天；而昨天，不过是行云流水。——约翰·洛克

## ◆ 生命的石屑

孔子年轻的时候，很喜欢到隔壁的邻居家去。他的邻居是一位技艺精湛的老石匠，一块块岩石经过他的刻凿，便成了千姿百态、栩栩如生的花鸟石刻。

一天，孔子又踱至邻家，那个老石匠正在叮叮当当地为鲁国一位已故大夫刻石铭碑。孔子叹息道："有人淡如云影来去无痕，有人却把自己活进了碑石，活进了史册里，这样的人真是不虚此生啊！"

老石匠停下锤，问孔子说："你是想一生虚如云影，还是想把自己的名字刻入碑石、流芳千古？"

孔子长叹一声说："一介草木之人，想把自己刻到一代一代人的心里，那不是比登天还难吗？"老石匠听了，摇摇头说："其实并不难啊。"他指着一块坚硬又平滑的石头说："要把这块石头刻成碑铭，就要雕琢它。"老石匠说完，就一手握石一手挥锤，不慌不忙地凿起来。

不一会儿，石头上便现出了一朵栩栩如生的莲花图案。老石匠说，如果想使这个图案不容易被风雨抹平，那就要凿得更深些，要剔掉更多的石屑。只有雕琢掉许多不必要的石屑，才能成为碑铭。

### ■至理箴言

生命，那是自然付给人类去雕琢的宝石。　　——诺贝尔

## ◆ 志同道合

管宁是名相管仲的后代。当初，管宁与华歆一起在汉末著名学者陈实门下受业，两人关系好得形影不离，同桌吃饭、同榻读书、同床睡觉。但后来因为华歆耐不住寂寞，管宁就与他割席断交了。

有一次，他俩一起锄草时挖出了一块黄金，管宁只是说："我当是什么硬东西呢，原来是块金子。"接着就继续锄他的草，而华歆却拾起金块捧在手里仔细地端详着。

管宁见状，暗暗地摇头，责备华歆说："钱财应该是靠自己的辛勤劳动去获得，一个有道德的人是不可以贪图不劳而获的财物的。"

还有一次，一位达官显贵的豪华车队从他们的窗前经过，跟随的人前呼后拥，场面非常气派。此时，管宁对外面的喧闹充耳不闻，仍专心致志地读书。而华歆完全被这豪华的排场吸引住了，他还嫌在屋里看不清楚，干脆跑到街上去观看。

等到华歆回来以后，管宁就拿出刀子当着华歆的面把席子从中间割成两半，痛心而决绝地宣布说："我们两人的志趣太不一样了，我安心求学而你耐不住寂寞。从今以后，我们就像这被割开的草席一样，再也不是朋友了。"

■ 至理箴言

　　喜欢社会中一小群志同道合的朋友，这是人的社会属性的基本原则。

　　　　　　　　　　　　　　　　　　　　——埃德蒙·伯克

## ◆ 远与近

　　他是一个开大货车的汽车司机，每次他跑在高速公路上时，都会感到百般寂寞。幸好每次走到这个地方时，他都能看到一个小女孩拿着手绢向他招手。就在这一瞬间，他感到心情好多了。小女孩是那么崇拜他，他有时也会笑着向她招手。

　　有一天，他终于有机会在这个小村子旁停一下了，于是他买了一个小玩具来到了这个高速公路旁的小院外。这时，那个小女孩正好走过来，他将那个小玩具递给她，谁知那个小女孩竟睁大了眼惊恐地看着他。小女孩的母亲出来一把将女儿拉了回去，还回头看了他几眼，他许久地站在那儿。

■ 至理箴言

　　对人的热情，对人的信任，形象点说，是爱抚、温存的翅膀赖以飞翔的空气。

　　　　　　　　　　　　　　　　　　　　——苏霍姆林斯基

## ◆ 欲望如水

　　齐国有一个叫颜斶的人。齐宣王想拜他为师，于是真诚地对他说："希望您接受我为您的学生！今后您就住在我这里，我保证您有肉吃，有车乘，您的夫人和子女个个会衣着华丽。"

颜斶辞谢说："玉原来产于山中，如果一经匠人加工，就会破坏，虽然仍很宝贵，但毕竟失去了本来的面貌。本人生在穷乡僻壤，如果选拔上来，就会享有利禄，不是说不能高贵显达，但风貌和内心世界会遭到破坏。所以我情愿大王让我回去，每天晚点儿吃饭，也吃得香甜；安稳而慢慢地走路，足以当作乘车；平安度日，并不比权贵差。清静无为，纯正自守，乐在其中。"

说完，颜斶向宣王拜了两拜，就告辞而去。

### 至理箴言

生活中有两个悲剧。一个是你的欲望得不到满足，另一个则是你的欲望得到了满足。

——萧伯纳

## 危险的乐羊

乐羊本是中山国的人，后来他投奔了魏国。为了表示对魏王的忠心，乐羊主动率领魏国的军队去攻打自己的故国中山国。

当时，乐羊的儿子还留在中山国。中山国在魏国的猛烈进攻下，无计可施，君臣经过一番商议，决定以乐羊的儿子做筹码来要挟乐羊退兵，就把乐羊的儿子绑起来吊在城楼上，威胁乐羊。谁知乐羊全然不顾吊在城楼上的可怜巴巴的儿子，反而更加猛烈地攻城。

没想到乐羊原来是这样一个无情无义之人，一气之下，中山国君下令将乐羊的儿子杀了，烹煮成肉羹，派人送给乐羊吃。

不料，乐羊面对此事仍毫不动心，反而将用儿子血肉做成的羹汤吃了个干干净净，然后率领着魏军向中山国发起了更猛烈的进攻。几番激战，中山国终于被乐羊所灭。

战争结束，庆功会上，魏王给了乐羊很重的奖赏。事后，魏王便冷落了乐羊，不再信任他了。有人不理解，问魏王说："乐羊为大王立了这样大的功劳，您为何疏远他呢？"魏王摇摇头说："一个为了向上爬而背叛一切的人，他连自己的故国、儿子都毫不顾惜，除了自己，他还会对谁忠诚呢？我怎么可以去亲近、信任这样一个危险的人呢？"

的确是这样，乐羊不惜用儿子的生命和故国的利益来换取自己的利禄，这样的人谁还愿意接近他呢？

看来，魏王疏远乐羊是明智的。

■ 至理箴言

等到自私的幸福变成了人生唯一的目标之后，人生就会变得没有目标。

——罗曼·罗兰

## ◆ 一个人最重要的是内心，不是外表

闹钟响了，又是一个星期天的早晨。杜斯本来可以好好睡一个懒觉，但有一种力量驱使他起身去教堂做礼拜。

杜斯洗漱完毕，收拾整齐，然后匆匆忙忙赶往教堂。

礼拜刚刚开始，杜斯在一个靠边的位子上悄悄坐下。牧师开始祈祷了，杜斯刚要低头闭上眼睛，却看到邻座先生的鞋子轻轻碰了一下他的鞋子，杜斯轻轻地叹了一口气。

杜斯想：邻座先生那边有足够的空间，为什么我们的鞋子要碰在一起呢？这让他感到不安，但邻座先生似乎一点儿也没有感觉到。

祈祷开始了："我们的父……"牧师刚开了头。杜斯忍不住又想：这个人真不自觉，鞋子又脏又旧，鞋帮上还有一个破洞。

牧师在继续祈祷着。"谢谢你的祝福！"邻座先生接着又悄悄地说了一声："阿门。"杜斯尽力想集中心思祷告，但思绪忍不住又回到了那双鞋子上。他想：难道我们上教堂时不应该以最好的面貌出现吗？他扫了一眼地板上邻座先生的鞋子想，邻座的这位先生肯定不是这样。

祷告结束了，唱起了赞美诗，邻座先生很自豪地高声歌唱，还情不自禁地高举双手。杜斯想，主在天上肯定能听到他的声音。奉献时，杜斯郑重地放进了自己的支票。邻座先生把手伸到口袋里，摸了半天才摸出了几个硬币，放进了盘子里。

牧师的祷告词深深地触动着杜斯，邻座先生显然也同样被感动了，因为杜斯看见泪水从他的脸上流了下来。

礼拜结束后，大家像平常一样欢迎新朋友，让他们感到温暖。杜斯心里有一种要认识邻座先生的冲动，他转过身子握住了邻座先生的手。

邻座的先生是一个上了年纪的黑人，头发很乱，但杜斯还是谢谢他来到教堂。邻座的先生激动得热泪盈眶，咧开嘴笑着说："我叫莫尔，很高兴认识你，我的朋友。"

邻座先生擦擦眼睛继续说道："我来这里已经有几个月了，你是第一个和我打招呼的人。我知道，我看起来与别人格格不入，但我总是想尽量以最好的形象出现在这里。星期天一大早我就起来了，先是擦干净鞋子、打上油，然后走很远的路。但是，等我到这里的时候鞋子已经又脏了。"听到这里，杜斯忍不住一阵心酸，强忍住了眼泪。

邻座先生接着又向杜斯道歉说："我坐得离你太近了。当你到这里时，我知道我应该先看你一眼，再问候你一句。但是我想，当我们的鞋子相碰时，也许我们就可以心灵相通了。"

杜斯一时觉得再说什么都显得苍白无力，就静了一会儿才说："是的，你的鞋子触动了我的心。在一定程度上，你也让我懂得了，一个人最重要的是他的内心，不是外表。"

还有一半话杜斯没有说出来，这位老黑人是怎么也不会想到的。杜斯从心底深深地感激他那双又脏又旧的鞋子，是它深深触动了自己的灵魂。

### 至理箴言

应该热心地致力于照道德行事，而不要空谈道德。

——德谟克利特

## ◆ 被淘汰出局之后

尽管他很自信，可是面试官还是很快掂出了他的分量：他在专业能力方面并不能胜任这个职位，他的求职申请被拒绝了。这位应聘者在得知自己被淘汰出局后，脸上露出了一点儿失望和尴尬的神情。可是他并没有马上离开，而是起身对面试官说："请问你能否给我一张名片？"

面试官冷冷地看着他，从心底里对这种死缠烂打的求职者缺乏好感。

"虽然我无法成为贵公司的员工，但我们也许能够成为朋友。"他说。

"哦？你这么想？"

"任何朋友都是从陌生人开始的。如果有一天你找不到打网球的搭档，可以找我。"

面试官看了他一会儿后，掏出了名片。

面试官确实经常为找不到网球搭档而烦恼，后来，他俩成了朋友，再后来，他被录用了。

有一天，面试官问他："你不觉得你当时所提出的要求有点过分吗？要知道，你只是一个来找工作的人，你凭什么会那样说？如果我根本不理会你，那么，你怎么下台？"

"其实，人最怕的不是失败本身，而是失败以后的尴尬。很多人不敢去做一些本来也许可以做成的事，就是害怕丢脸。真正丢脸的不是失败，而是不敢想象失败。很多事情都是从尴尬开始的，包括交朋友。"

### ■ 至理箴言

　　我崇拜勇气、坚忍和信心，因为它们一直助我应付我在尘世生活中所遇到的困境。　　　　　　　　　　——但丁

## ◆ 蝎子过海

　　一只蝎子在它生活的地方住了太久，觉得很无聊，它听说海中的小岛非常好玩，就很想到岛上去看看。可是，海，太宽了，它又不会游泳，该怎么办呢？正在它为难的时候，一只乌龟从这里经过，蝎子叫住乌龟，乌龟问："你有什么事吗？"

　　"我想让你背我到海岛上去。"

　　"我是很想帮你，可是，我又不能帮你！"

　　蝎子问："为什么？"

　　"谁都知道你会蜇人的，我背你过海，万一你蜇我一下，我不就死了吗？"

　　"我怎么会蜇你呢？你背我，我又不会游泳，如果我把你蜇死，那我不也是死吗？所以，你放心，我是绝对不会蜇你的！"

　　乌龟一想：唉，有理，我死它也活不成。于是乌龟说："那好吧，我就帮帮你，你上来吧。"

　　蝎子爬到乌龟的背上，乌龟带着蝎子开始过海。半路，蝎子看到乌龟的脖子，肉乎乎的就想蜇，但反过来想：不行，万一乌龟中

毒死了，我也活不成，不能蜇。于是，蝎子强忍着没蜇。已经游过一半了，再忍一忍就到了，它尽量地不去看乌龟的脖子，可是，它越不想看就越看，最后，它实在忍不住了，蜇了乌龟的脖子一下。

乌龟疼得不得了，回头问蝎子："你为什么说话不算话，蜇死我你又怎么活？"蝎子很无奈地说："唉！没办法，我习惯了！"

### ■至理箴言

习惯，我们每个人或多或少都是它的奴隶。　　——高汀

## ❖ 顺势而行

鲁国有一户姓施的人家，有两个儿子，大儿子喜欢儒家的思想，小儿子爱学军事。大儿子用他所学的儒家仁义思想去游说齐王，得到齐王的赏识，被聘为太子的老师。二儿子到楚国去，用他所学的法家军事思想游说楚王，在向楚王讲述自己的思想、观点时讲道理、举例子，有条有理，楚王听了很高兴，觉得他是个军事人才，就封他为楚国的军事长官。

这样，兄弟两人一个在齐国任职，一个在楚国做官，他们赚的钱多，使家里很快富裕了起来。兄弟两人都有显赫的爵位，让他们家的亲戚朋友也感到非常光荣。

施家邻居中有一户姓孟的人家，家庭情况与施家以前相仿：家境并不富裕，也有两个儿子。大儿子与施家大儿子一样，好学儒家仁义之术，二儿子也是爱学兵法之术。两家的孩子还曾经在一道讨论学问，研究兵法。孟家为贫穷所困扰，生活很艰难。孟家看到施家这两年很快富裕起来，门庭若市，就有点羡慕施家。孟家就向施家请教如何让儿子取得官职的方法。施家的两个儿子分别把自己怎

样去齐国、怎样向齐王游说及如何到楚国、又如何向楚王游说如实地告诉了他们。

孟家两个儿子听到后，觉得这是个门路，于是，大儿子准备到秦国去，二儿子准备到卫国去。

孟家大儿子到秦国去后用儒家学说游说秦王。他讲得头头是道，口才非常好。秦王说："当前，各国诸侯都要靠实力进行斗争，要使国家富强的，无非是兵力、粮食。如果光靠仁义治理国家，就只有死路一条。"秦王心想：这个人固然有才能，他要我用仁义之术治国，就是想要我国不练兵打仗，不积粮食不富裕，使国家灭亡？于是，命令军士对他施行了最残酷的宫刑，然后，又将他赶出了秦国。

孟家的二儿子到了卫国以后，用发展军事的学说游说卫王，卫王听后说："我们卫国是弱小国家，又夹在大国之间。对于比我们强的大国，我们的政策是要恭敬地侍奉他们；对于同我们一样或比我们还要弱的小国，我们的方针是要好好地安抚他们，只有这样才是我们求得安全的好方法。你提的军事治国策略固然不错，但如果我依靠兵力和权谋，周围的大国就会联手攻打我国，我们的国家很快就要灭亡。假若我好生生地放你回去，你必定会到别国去宣传你的主张，别的国家发展了军事力量再对外扩张起来，会对我国造成很大的威胁。"卫王感到这个人既放不得，又留不得，于是，派人砍断了他的双脚，然后把他押送回鲁国。

孟家的两个儿子回到家里，已经残废了，全家人感到又悲又恨，父子三人找到姓施的人家里，悲痛地拍着胸脯责备施家。施家的人回答说："不论办什么事，凡是适应时势的就会成功、昌盛，违背时势的就会失败、灭亡。你们学的东西与我们相同，但是，取得的效果却完全不同，为什么呢？这是由于你们选择的对象不同，同时又违背了时势啊。"

■ 至理箴言

一个明智的人总是抓住机遇,把它变成美好的未来。

——托·富勒

## ◆ 一件小事

小于在某企业担任打字工作。一天中午,一位董事走进办公室,向办公室里的同事们问道:"上午拜托你们打的那个文件在哪里?"可是,当时正值吃午饭时间,谁也不知道那个文件搁在哪里,因此,谁也没有理睬他。这时,小于很诚恳地对董事说:"这个文件的事我虽然不知道,但是,谭先生,这件事交给我去办吧,我会尽早送到您的办公室的。"小于当即放下手中的饭碗,找到董事要找的那个文件,并拿去打印了。当小于把打好的文件送给董事时,董事非常高兴。

几周之后,小于高兴地向她的同事们宣布:"我升迁了。"

■ 至理箴言

勿以善小而不为,勿以恶小而为之。　　　　——刘备

## ◆ 摩斯电码的声音

有一群人应征无线电操作员,众人在会客室等待面试。他们并没有注意到扩音器里正传出滴滴答答的摩斯电码声音。突然之间,有一个年轻人冲进经理室。不久,他笑容满面地走

了出来。"我被录用了。"他宣布说。

"奇怪！你怎么比我们先被约谈呢？"众人不解地问他。

那位青年说："你们都忙于谈天，因此，没有注意扩音器所传的电码声，信息说，第一位译出这电码进到我办公室来的人就能被录用。"

### 至理箴言

生活中要善于细心发现。　　　　　　　　　　——罗丹

## 不贪为宝

乐喜，字子罕，春秋时期宋国人，据《左传》记载，他出身显贵，在宋平公十二年执掌国政，他是一个非常注意个人道德修养的人。

宋国有人得到一块美玉，思虑再三，决定献给子罕，却遭到了子罕的拒绝。献玉者刚开始以为子罕是怕宝玉有假，才不肯接受，便强调说："我已经请治玉专家做过鉴定，的确是稀世美玉。"子罕淡然一笑，说："你以美玉为宝，我以不贪为宝。我如果接受了你的宝玉，咱们双方都失去了最可贵的东西，多不值得呀！"献玉者又以怀揣宝玉不便赶路，一旦遇上歹人难免遭劫丧宝为由，请子罕收下。于是子罕妥善地策划安排这个人把他的玉高价卖出去，使他得以富归乡里。

### 至理箴言

把名誉从我身上拿走，我的生命也就完了。　——莎士比亚

## 公私分明

晋绰公执政时期,有个叫解狐的大夫,他为人耿直倔强,公私分明,晋国大夫赵简子和他十分要好。

解狐有个爱妾叫芝英,生得貌美,深得解狐的喜爱。可是有一次,有人告诉解狐说,他的家臣刑伯柳和芝英私通。解狐不信,因为刑伯柳这人很忠实。那人于是决定用计使刑柏柳和芝英暴露原形。

第二天,解狐突然接到晋君旨意,要到边境巡视数月。由于任务紧急,解狐连亲近的幕僚刑伯柳都没带,就匆匆出发了。

真是天赐良机,芝英不由心中窃喜。可是,开始两天她还不敢去找刑伯柳,第三天,她实在熬不住了,就偷偷地溜进了刑柏柳的房间,俩人正在房中卿卿我我、如胶似漆的时候,房门突然大开,解狐满面怒容,带着侍卫站在那儿。原来,他根本没接到命令要去巡边,而是躲在附近,等待机会来查明事情的真相。一接到报告,他就马上回府,果然将他俩逮个正着。

解狐把两人吊起来拷打细审,得知原来芝英爱慕刑伯柳年轻英俊,就找机会与他接触。知道情况后,解狐火冒三丈。他把两人痛打一顿,双双赶出了解府。

后来,赵简子领地的国相职位空缺了,赵简子就让解狐帮他推荐一个精明能干、忠诚可靠的国相。他想了想,觉得只有他原来的家臣刑伯柳比较适合,于是,就向赵简子推荐了他。

赵简子找到刑伯柳后,就任命他为自己的国相,刑伯柳果然把赵简子的领地治理得井井有条。赵简子十分满意,夸奖他说:"你真是一个好国相。解将军没有看错人啊!"

刑伯柳这才知道是解狐推荐了自己。自己是他的仇人,为何却要举荐自己呢？也许他这是表明要主动与自己和解吧？于是，刑伯柳决定拜访解狐，感谢他不计前嫌，举荐了自己。刑伯柳回到国都，去拜访解狐。通报上去后，解狐叫门官问他："你来是因为公事还是因为私事！"刑伯柳向着解狐住的地方遥遥作揖说："我今天赴府，是专门负荆请罪来了。刑伯柳早年投靠解将军，蒙将军教诲，如再生父母，伯柳做了对不住将军的事，心中本就万分惭愧，现在将军又不计前嫌，秉公举荐，更叫我感激涕零。"

门官又为刑伯柳通报上去，刑伯柳站在府门前等候，却久久不见回音。他正在疑惑难解的时候，解狐突然出现在门前台阶上，手中张弓搭箭，向他狠狠射出一箭。他还来不及躲闪，那箭已擦着他耳根飞过去了。刑伯柳吓出了一身冷汗。解狐接着又一次张弓搭箭瞄准他，说："我推荐你，那是为公，因为你能胜任；可你我之间却只有夺妻之恨，你还敢上我的家门来吗？再不走，我射死你！"

刑伯柳这才明白，解狐依然对自己恨之入骨，他慌忙远施一礼，转身逃走了。

■ 至理箴言

公正是赏罚分明者的美德。　　　　　　——亚里士多德

## ❖ 有些事情并不像看上去那样

两个旅行中的天使到一个富有的家庭借宿。这家人对他们并不友好，并且拒绝让他们在舒适的卧室过夜，而是在冰冷的地下室给他们找了一个角落。当他们铺床时，较老的天使发现墙上有一个洞，就伸手把它修补好了。年轻的天使问为什么，老天使答道："有些事并不像看上去那样。"

第二晚，两人到了一个非常贫穷的农家借宿。主人夫妇俩对他们非常热情，把仅有的一点点食物拿出来款待客人，然后，又让出自己的床铺给两个天使。第二天一早，两个天使发现农夫和他的妻子在哭泣，他们唯一的生活来源——一头奶牛死了。年轻的天使非常愤怒，他质问老天使为什么会这样，第一个家庭什么都有，老天使还帮助他们修补墙洞，第二个家庭尽管如此贫穷，还热情款待客人，而老天使却没有阻止奶牛的死亡。

"有些事并不像看上去那样。"老天使答道，"当我们在地下室过夜时，我从墙洞看到墙里面堆满了金块。因为主人被贪欲所迷惑，不愿意分享他的财富，所以我把墙洞填上了。昨天晚上，死亡之神来召唤农夫的妻子，我让奶牛代替了她。"

所以，有些事并不像看上去那样。

■ 至理箴言

　　事实是毫无情面的东西，它能够将空言打得粉碎。

——鲁迅

## 识人之能

　　梁惠王雄心勃勃，广召天下高人名士。有人多次向梁惠王推荐淳于髡，因此梁惠王召见了他，而且每一次都不让他人在场，单独与他倾心密谈。但前两次淳于髡都沉默不语，弄得梁惠王很难堪。事后，梁惠王责问推荐人："你说淳于髡有管仲、晏婴的才能，我是没看出来，要不就是我在他眼里是一个不足与言的人。"

　　推荐人以此言问淳于髡，他笑笑回答道："确实如此，我也很想与梁惠王倾心交谈。但第一次，梁王脸上有驱驰之色——想着驱驰奔跑一类的娱乐之事，我就没说话。第二次，我见他脸上有享乐之色，是想着声色一类的娱乐之事，所以，我也没有说话。"

推荐人将此话告诉梁惠王，梁惠王一回忆，果然如淳于髡所言，他非常叹服淳于髡的识人之能。

■ 至理箴言

宁可不识字，不可不识人。　　　　　　　　　　——佚名

## 结　网

吉米一直在一家大公司做初级会计的工作，他希望从中西部调到佛罗里达州去。因为他同这个州的各家公司都没有任何联系，于是，他给他所知道的各家公司写信，或者与职业介绍所联系，但都没有得到满意的答复。

于是，吉米决定通过关系网来办这件事，他动脑筋搜寻了一下他所能利用的各种关系，最后列出了一张分类表。从分类表中，他选出可能帮上忙的一些关系。然后，他记下了这些人，他们都直接或间接地同他想去的佛罗里达州有联系，且同会计公司有关。

最后他再进一步考虑，他们中间哪些人同会计公司联系更为密切。他选中了两个人：一个是他的老板汤姆先生；一位是亚斯，他妹妹的好朋友。

他的下一步行动，也是最重要的一步，就是找到这些能够帮助自己的对象，得到他们的帮助。而一旦这个能帮助他的对象需要得到帮助，他就去以报答的方式使其愿望实现。

他知道，亚斯对参加女大学生联谊会很感兴趣。办法终于有了，他认识的一个朋友的兄弟迈克，迈克的妻妹正好是这个联谊会的成员。

吉米结识了迈克，通过迈克介绍亚斯见到了他的妻妹和联谊会的委员。亚斯为此举办了一个晚会，并在晚会上把吉米介绍给她的父亲——一位颇有声望的律师。

尽管这位律师同在佛罗里达州的任何一家商务公司都没有直接关系，但他在那里的律师圈子里很有名气，通过他的一位朋友的帮助，他找到了一家职业介绍所的总经理，并通过多方努力，帮吉米得到了满意的职位。

吉米通过事先的谋划，建立了这些盘根错节的关系，最终达到了自己的求职目的。

■ 至理箴言

想得好是聪明，计划得好更聪明，做得好是最聪明又是最好。

——拿破仑

## ❖ 低调的富豪

有一次，亨利·福特到英格兰去。在机场问讯处他询问当地最便宜的旅馆。接待员看了看他，一眼就认出了这个超级富豪——全世界都知道的亨利·福特。就在前一天，报纸上还登出了他的大幅照片，说他要来这儿。

接待员说："要是我没搞错的话，你就是亨利·福特先生。我记得很清楚，我看到过你的照片。"他说："是的。"接待员疑惑不解地对他说："你穿着一件看起来像你一样老的外套，要最便宜的旅馆。我也曾见过你的儿子上这儿来，他总是询问最好的旅馆，他穿的也是最好的衣服。"

亨利·福特说："是啊，我儿子好出风头，他还没适应生活。对我而言没必要住在昂贵的旅馆里，我在哪儿都是亨利·福特。即便是在最便宜的旅馆里，我也是亨利·福特，这没什么两样。这件外套，是的，这是我父亲的，但这没有关系，我不需要新衣服。即使我赤裸裸地站着，我也是亨利·福特，这根本没关系。"

是的，可能你的外套比亨利·福特的高档，可是，这能说明你比他更有钱吗？可能你住过比亨利·福特更贵的旅馆，可是，这能表示你比他更有身份吗？

**至理箴言**

谁在平日节衣缩食，在穷困时就容易渡过难关；谁在富足时豪华奢侈，在穷困时就会死于饥寒。——萨迪

## ◆ 哪一个风景更辽阔

有一个人，他在年轻时拼命赚钱，中年时终于实现了自己成为富翁的梦想，可是物质丰富的他，并没有因为达到梦想而感到发自内心的快乐。他的一个经营香草农园的高中同学，反而过着平凡却快乐的生活，时常可以看见他那愉快的笑容，对此，他十分不解。

有一天，他很不甘心地请教这位同学："我的钱可以买100个香草农园，可是，为什么我却没有你快乐？"

同学指着旁边窗子问："从窗外你看到了什么？"

富翁说："我看到很多人在逛花园。"

同学又问："那你在镜子前又看到了什么呢？"

富翁看着镜子里憔悴的自己说："我看到了我自己。"

"哪一个风景辽阔呢？"

"窗子当然看得远了。"

"就因为你活在镜子的世界里呀！当你试着将镜子后面的那层银漆剥掉，你就会看到全世界。"

### ■ 至理箴言

　　丧失远见的人不是那些没有达到目标的人们，而往往是从目标旁溜过去的人们。
　　　　　　　　　　　　　　　　　　　　　——拉罗什富科

## ❖ 让自己忙碌起来

　　马利安·道格拉斯的家里曾遭受过两次不幸。

　　第一次，他失去了 5 岁的女儿，一个他非常喜爱的孩子。他和妻子都以为他们没有办法忍受这个打击。更不幸的是，10 个月后，他们又有了另外一个女儿——而她仅仅活了 5 天。

　　这接二连三的打击，使人几乎无法承受，这位父亲睡不着，吃不下，无法休息，精神受到致命的打击，信心丧失殆尽。吃安眠药和旅行都没有用。他的身体好像被夹在一把大钳子里，而这把钳子愈夹愈紧。

　　不过，感谢上帝，他还有一个 4 岁的儿子。他教给了道格拉斯解决问题的方法。

　　一天下午，道格拉斯呆坐在那里为自己难过时，儿子问他："爸爸，你能不能给我造一条船？"道格拉斯实在没兴趣，可这家伙很缠人，他只得依着儿子。

　　道格拉斯花费了将近 3 个小时才造好了一条玩具船。等做好时，他才发现，这 3 个小时是他许多天来第一次感到放松的时刻。

　　这一发现使道格拉斯如梦方醒，使他几个月来第一次有精神去思考。他明白了，如果你忙着做费脑筋的工作，你就很难再去忧虑

了。对道格拉斯来说，造船就把他的忧虑整个冲垮了，所以，他决定从此使自己不断地忙碌。

第二天晚上，道格拉斯巡视了每个房间，把所有该做的事情列成一张单子。有好些小东西需要修理，比方说书架、楼梯、窗帘、门把、门锁、漏水的龙头等等。两个星期内，道格拉斯列出了200多件需要做的事情。

从此，道格拉斯使自己的生活充满了启发性的活动：每星期两个晚上，他到纽约市参加成人教育班，并参加了一些小镇上的活动。他还协助红十字会和其他机构的募捐活动，他现在忙得简直没有时间去忧虑。

■ 至理箴言

我们的疲倦常常不是来自工作，而是来自忧虑、挫折与愤怒。

——卡耐基

## ◆ 活着的感觉

一位得知自己不久将离世的老先生，在日记簿上记下了这段文字：

"如果我可以从头活一次，我要尝试更多的错误，我不会再事事追求完美。

"我情愿多休息，随遇而安，处世糊涂一点，不对将要发生的事处心积虑计算着。其实人世间有什么事情需要斤斤计较呢？

"可以的话，我会多去旅行，跋山涉水，危险的地方也要去一去。以前，我不敢吃冰淇淋，怕健康有问题，此刻，我是多么的后悔。过去的日子，我实在活得太小心，每一分每一秒都不容有失。太过清醒，太过清醒合理。

"如果一切可以重新开始，我会什么也不准备就上街，甚至连纸巾也不带一块，我会放纵地享受每一分、每一秒。如果可以重来，我会赤足走在户外，甚至整夜不眠，用这个身体好好地感受世界的美丽与和谐。还有，我会去游乐园多玩几圈旋转木马，多看几次日出，和公园里的小朋友玩耍。

"只要人生可以从头开始，但我知道，不可能了。"

■ 至理箴言

人生最大的快乐不在于占有什么，而在于追求什么的过程中。

——班廷

## 心中的希望

一群芭蕾舞演员正应征百老汇歌剧院的舞蹈主角，经过几天严格的筛选，许多演员都被淘汰了，只留下了两名演员进入复试。又经过一轮的考试，其中一人又被淘汰了。

评审委员对那位被淘汰的演员说："你的舞艺实在不错，并且非常有潜力，将来的成就必定不可限量。但是，本剧所需的角色，可能不适合你，因为我们需要一位较为活泼的演员，这与你的个性不太符合。但你不用担心，我们还会有新的剧本，必定会有更好的角色等待你来发挥。希望你继续努力，等待我们的通知。"

那位芭蕾舞演员十分幸运，虽然没有得到出演这个角色的机会，但却没有因此伤及自尊心，因为，她心中的希望也并未因此而破灭。

■ 至理箴言

像那闪烁的微光，希望把我人生的道路照亮；夜色愈浓，它愈放射出耀眼的光芒。

——哥尔斯密

## 拍卖一美元的豪华轿车

美国的一家报纸上登了这么一则广告："一美元购买一辆豪华轿车。"

哈利看到这则广告时半信半疑："今天不是愚人节啊！"但是，他还是揣着一美元，按着报纸上提供的地址找了去。

在一栋非常漂亮的别墅前面，哈利敲开了门。

一位高贵的少妇为他打开门，问明来意后，少妇把哈利领到车库里。指着一辆崭新的豪华轿车说："喏，就是它。"

哈利脑子里闪过的第一个念头就是：坏车。他说：

"太太，我可以试试车吗？"

"当然可以！"于是，哈利开着车兜了一圈，一切正常。

"这辆轿车不是赃物吧？"哈利要求验看轿车的证照，少妇拿给他看了。

于是，哈利付了一美元，当他开车要离开的时候，仍百思不得其解。他说："太太，您能告诉我这是为什么吗？"

少妇叹了一口气："唉，实话跟您说吧，这是我丈夫的遗物。他把所有的遗产都留给了我，只有这辆轿车，是属于他那个情妇的。但是，他在遗嘱里把这辆车的拍卖权交给了我，所卖款项交给他的情妇——于是，我决定卖掉它，一美元即可。"

哈利恍然大悟，他开着轿车高高兴兴地回家了。路上，哈利碰到了他的朋友汤姆。汤姆好奇地问起轿车的来历。等哈利说完，汤姆一下子瘫在了地上："啊，上帝，一周前我就看到这则广告了！"

### ■至理箴言

人不能创造时机，但是他可以抓住那些已经出现的时机。

——雪莱

## ◆ 这并不属于我

几年前,他来到世界闻名的高科技区"硅谷"——美国加州的圣何塞市。

自从他抵达加州之后,他发现加州的气候得天独厚。这里空气清新,阳光明媚,四季温暖如春,到处是鲜花绿草,他觉得自己仿佛走进了一个无边无际的花园之中。

一天,他正在随意漫步,觉得眼前忽然一亮,前面出现一条金色大道,人行道上种的是一株株橘树,沉甸甸、黄澄澄的橘子挤满了枝头。花旗蜜橘是世界闻名的鲜果,今天,在美国见到那浑圆结实、果皮上闪着油光的橘子,他感到非常亲切。突然,他想到这样一个问题:这些橘子已经长熟了,怎么还长在树上?是因为它酸,所以没有人摘吗?他决定问个清楚。

钱先生围着橘子树来回足足兜了半小时,无奈无一过往行人,他只好调转方向准备回到住处。这时,他突然见到前方一个背着书包、脚踩旱冰鞋的孩子正有规律地甩动着双臂朝自己滑来。

他礼貌地对孩子说:"你好,孩子,你能回答我一个问题吗?"

美国孩子大多数是活泼大方的,孩子见到有人要他回答问题,马上把旱冰鞋尖向地上一点,停下来说:"当然可以,只要是我知道的。"

"圣何塞的橘子是酸的吗?"他指着橘子树直率地问。

"不。"孩子摇摇头自豪地说,"这里的橘子可甜呐!"

"那你们为什么不摘?"他指着一个熟透的橘子说,"让它掉在地上烂掉多可惜。"

"对不起,先生,我该怎么回答你提出的问题呢?"孩子摊摊手,耸耸肩，笑着对他说，"我为什么要吃路边的橘子呢？这并不属于我。"

孩子说完，又开始有规律地甩动双臂向远处滑去。

"这并不属于我。"望着远去的孩子的背影，他寻思着这句简单朴素的话，这是闪闪发光、掷地有声的语言呀！

### 至理箴言

在一个人民的国家中还要有一种推动的枢纽，这就是美德。

——孟德斯鸠

## 贵重的礼物

一家新开业的礼品店热闹了一阵后，慢慢静了下来。年轻的女老板黛丝刚把凌乱的柜台整理好，一位20多岁的男青年就进了店。他瘦瘦的脸颊，戴副近视眼镜，用冷冰冰的目光环视着小店，最后，他的目光落在窗边那只柜台里。黛丝顺着男青年的目光看去，见他正盯着一只绿色玻璃龟出神。

她走过去轻声问道："先生，你喜欢这只龟吗？我拿出来给你看。"

男青年似乎对看与不看并不在意，伸手把钱包掏出来，问道："多少钱一只？"

"20元。"

青年连价都没讲，"啪"地把钞票扔在柜台上。

面对黛丝递过来的乌龟，青年人眯起眼睛慢慢欣赏着，脸上的肌肉时不时地抽动一下，继而，一丝笑容勉强地跳了出来。他自言自语道："好，把它作为结婚礼物是再好不过了。"青年人的脸兴奋得有点扭曲，两眼灼灼闪着光。

黛丝在一旁细心观察着青年人，她对青年人自言自语道出的那句话感到极大的震惊。她知道那种东西若出现在婚礼上，将无疑是投下一颗重磅炸弹。

女孩表情平静地问道："先生，结婚的礼物应当好好包装一下的。"说完弯腰到柜台下找着什么。"真不巧，包装盒用完了。"女孩说道。

"那怎么行，明天一早我就要急用的。"

女孩忙说："不要紧，你先到别处转一下，20分钟以后再来。我马上让人送包装盒过来，包好等你，保证让你满意。"

20分钟以后，青年人如约取走了那盒包装得极精美的礼物，像战士奔赴战场一样，去参加他以前曾经深深爱过的一位姑娘的婚礼。

婚礼的第二天晚上，青年人终于等到姑娘打来的电话，当他听到那久违而又熟悉的声音时，双腿一软竟坐在了地板上。

这一天他度日如年，是在悔恨和自责的心态中熬过的。他像一个等待法官宣判的罪人一样，等待着姑娘对他的怒斥。

可他万万没想到，电话中传来的却是姑娘甜甜的道谢声："我代表我的先生，感谢你参加我们的婚礼，尤其你送来的那件礼物，更让我们爱不释手……"爱不释手？他简直不相信自己的耳朵。他不知道这通电话是怎么结束的……

青年人度过了一个不眠之夜。清早，他来到礼品店，一进门就看见那只乌龟静静地躺在柜台里。此时，他似乎一切都明白了。

青年人的突然出现，使黛丝有些意外。他那红肿的眼睛，里面已不再是那绝望的冷酷。青年人的嘴唇哆嗦了一下，似乎要说些什么。突然，他走到黛丝面前深深地鞠了一躬，等他再抬起头时，已是泪流满面。他哽咽地说道："谢谢你，谢谢你阻止我滑向那可怕的深渊。"

黛丝见青年人已经明白了一切，从柜台里取出一个盒子，打开后交给了他，轻声说道："这才是你送去的真正礼物。"

原来那是一尊水晶玻璃心，两颗心相交在一起的，似乎任何力量也无法把他们分开。此时，一缕晨光透过窗子照在水晶心上，水晶折射出一串绚丽的七彩光来。

青年人惊叹道："太美了，实在太美了！这么贵重的礼物，我付的钱一定不够的。"

黛丝忙打断他说道："论价值它们是有差别的，但它如果能化干戈为玉帛，那它也就物有所值了。至于两件礼物之间所差的那点钱，也不必想它，将来你还会遇到更好的姑娘，那时候，你再到我的店里多买些礼物送给她，就算感谢我了。"

### 至理箴言

我们必须学会忍受我们不能逃避的东西。　　——蒙田

## ◆ 承担生活的重担

一位农民每天挑着柴翻山越岭去集市，用柴换取一天的口粮钱，包括供儿子上学的钱。

儿子放暑假回来，父亲为了培养儿子的吃苦精神，便叫儿子替他挑柴上集市去卖。儿子挺不愿意地挑起了柴，这天，实在把他给累坏了。挑了两天，儿子再也挑不动了。

父亲没办法，只好叹着气让儿子一边歇着去，自己还是一天接一天挣钱养家糊口。可天有不测风云，父亲不幸病倒了，这一躺就是半个月起不了床。家里失去了生活来源，眼看就要断炊了，儿子没办法，终于主动地挑起了生活的重担，每天天不亮，儿子学着父亲的样子，上山砍柴，然后挑着去集市卖，一点也不觉得累。

"儿子，别累坏了身子！"父亲心疼地看着儿子忙碌的身影说道。

儿子这时停下手中的活儿,对父亲说:"父亲,真是奇怪,刚开始你叫我挑柴的那两天,我挑那么轻的担子觉得特别累,怎么现在我挑得越来越重,反而觉得担子越来越轻了呢?"

农民赞许地说:"一方面是你身体承受能力练出来了,更多的是因为你心理成熟的缘故啊!成熟使你勇挑重担,当然就觉得担子轻了!"

### 至理箴言

走向成熟就是独立得更彻底而又联系得更紧密。

——霍夫曼斯塔尔

## 矿工的心愿

有一个登山者遇见一位弱不禁风的老人,他正缓缓地在山岭间前行,这位登山者十分惊异,问道:"你在这里做什么?"

老人说:"我是一个矿工,一生几乎都在矿井中度过。

"后来生了一场大病,在病中天使来到我的床边。我问天使:'你来做什么?'天使说:'带你回家。'我问:'去的是一个美丽的世界吗?'天使说:'你离开的是一个美丽的世界。'这时我才想起,我一生所见的不过是坑道的煤炭和石头。所以,我问天使:'可惜我在这世界上并没有看见什么。'天使说:'恐怕在你去的世界中,也看不到多少美丽的东西。'于是,我恳求上帝让我再多活一年,现在我正用仅有的一点积蓄和所有的时间,来探索这个可爱的世界,我发现它真的非常奇妙。"

### 至理箴言

美是到处都有的,对于眼睛,不是缺少美,而是缺少发现。

——罗丹